Faszination Physik

Faszination Physik

Waldemar Tausendfreund,
Rhea-Silvia Remus, Carl Christoph Bergemann

Herausgeber:
Rhea-Silvia Remus, Carl Christoph Bergemann

Herausgegeben mit freundlicher Förderung durch das
Deutsche Elektronen Synchrotron Hamburg

Herstellung Books on Demand GmbH,
Gutenbergring 53
D-22848 Norderstedt
2003

Alle Urheberrechte, insbesondere das Recht der Vervielfältigung, Verbreitung und der öffentlichen Wiedergabe in jeder Form, einschließlich der Verwertung in elektronischen Medien der reprographischen Vervielfältigung und der Aufnahme in Datenbanken, bleiben ausdrücklich vorbehalten.

Vorwort

Seit nunmehr 5 Jahren treffen sich während des Schuljahres Schüler ab der 10ten Klasse am Samstag nachmittag am DESY, um spannende Fragen der modernen Physik zu verstehen und zu diskutieren.

Dabei geht es um Zwillingsparadoxon, Zeitreisen, Schwarze Löcher, Unschärferelation, Nullpunktsenergie, Weiße Zwerge, Dunkle Materie, Dunkle Energie und um Vieles mehr. Unmöglich für Schüler werden viele sagen. Das ist nicht so! Dafür sorgt Dr. Waldemar Tausendfreund, der mit seiner Begeisterung die Schüler ansteckt und sie mit einem soliden Basiswissen und dem mathematischen Rüstzeug versorgt.

Das vorliegende Buch von Dr. Waldemar Tausendfreund, Rhea-Silvia Remus, Carl Christoph Bergemann und der Arbeitsgemeinschaft Faszination Physik, herausgegeben von Rhea-Silvia Remus und Carl Christoph Bergemann, zeigt eindrucksvoll, was hier geleistet wird. Für das Forschungszentrum DESY ist es eine besondere Freude, dass sich Faszination Physik bei uns so richtig zu Hause fühlt.

Zum fünften Geburtstag wünscht DESY der Arbeitsgruppe Faszination Physik weiterhin viel Spaß an den Fragen der modernen Physik und viele neue begeisterte Physikfans, die den Weg in die Gruppe finden. Dem Buch wünschen wir eine weite Verbreitung und dass es viele Schüler von der Faszination der Physik überzeugt.

Robert Klanner
(DESY Forschungsdirektor)
Hamburg im August 2003

Vorwort der Herausgeber

Vor fünf Jahren, am 4. Juli 1998, hat Dr. Waldemar Tausendfreund am DESY einen Vortrag über „Zeitreisen und ihre ‚Paradoxa'" gehalten, an dessen Ende er interessierte Schülerinnen und Schüler der Oberstufe dazu einlud, sich am Samstag Nachmittag ab 13:00 Uhr mit ihm in einem Seminarraum des Deutschen Elektronen Synchrotrons (DESY) Hamburg zu treffen. Er bot an, diesen Schülerinnen und Schülern einen Einstieg in die Thematik der Zeitreisen zu ermöglichen und sich mit ihnen zusammen weiter in dieses Thema einzuarbeiten. Das beinhaltete auch einen Einstieg in die Spezielle Relativitätstheorie. Das erste Treffen fand im Sommer 1998 statt. Von da an trafen sich regelmäßig einige Schülerinnen und Schüler unter Herrn Tausendfreunds Leitung. Die von ihm ins Leben gerufene Arbeitsgemeinschaft erhielt den Namen „Faszination Physik".

In diesen fünf Jahren ihres Bestehens hat Herr Tausendfreund uns Schülerinnen und Schüler an diverse Themen der modernen Physik herangeführt, die zum größten Teil ihren Anforderungen nach über den Physikunterricht weit hinausreichten. So beschäftigten wir uns unter anderem mit Zeitreisen in die Vergangenheit, einem Einstieg in die Quantenmechanik, den Maxwell-Gleichungen, der Allgemeinen Relativitätstheorie und der Welt der Solitonen. Unser schwerstes Stück Arbeit bestand in einer Lösung der Einsteinschen Feldgleichungen, für die wir auch einen mathematischen Einstieg in die Vektor- und Tensorrechnung, die Gruppentheorie und die Matrizenrechnung erhielten. Nach solchen arbeitsreichen Tagen lud er uns dann oftmals zum Essen beim Griechen ein.

Außer unseren samstäglichen Treffen bot uns Herr Tausendfreund auch die Möglichkeit, Vorträge vor einem Fachpublikum zu halten. Wir haben Vorträge an der Fachhochschule Hamburg, am Institut für Lehrerfortbildung Hamburg, auf der Space-Parade in Berlin und am DESY Hamburg gehalten. Wir besuchten mit ihm im Jahr 2000 die Festveranstaltungen und Fachvorträge des Symposiums „100 Jahre Quantentheorie" in Berlin, in den Jahren 2000 und 2001 die Space-Parade in Berlin und den Vortrag Stephen Hawkings in München im Oktober 2001. Auch zum Ausarbeiten schriftlicher Arbeiten zum Thema Physik ermunterte er uns, so dass einige Mitglieder der Arbeitsgemeinschaft in den Jahren 1999 und 2000 ihre Arbeiten bei dem Wettbewerb „ThinkQuest" einreichen konnten.

Neben diesen Herausforderungen versorgte uns Herr Tausendfreund regelmäßig mit Handreichungen zu den Themen, die wir gerade bearbeiteten, die er selbst zusammengestellt und gerechnet hatte (und außerdem mit Denkhilfen in Form von Keksen und Kuchen).

Wir verdanken Herrn Tausendfreund also neben einem großen Wissensgewinn im Bereich der Physik und Mathematik auch, dass wir die Gelegenheit bekamen, uns den Herausforderungen wissenschaftlicher Vorträge und Arbeiten zu stellen und unsere Fähigkeiten immer weiter zu verfeinern. Mindestens so wichtig wie diese Dinge ist aber auch, dass Herr Tausendfreund uns die Freude an der Wissenschaft gelehrt und uns mit seiner unbändigen Neugierde angesteckt hat. Und natürlich schlossen sich in der Arbeitsgemeinschaft auch zahlreiche gute Freundschaften. Dafür möchten wir uns hier und heute bei Herrn Dr. Tausendfreund mit diesem Buch bedanken, das wir beide unter finanzieller und teilweise auch korrigierender Mithilfe der Mitglieder unserer Arbeitsgemeinschaft „Faszination Physik" erstellt haben.

Das Buch basiert mit seiner freundlichen Zustimmung auf den Handreichungen Herrn Tausendfreunds, die wir im Laufe des letzten Jahres überarbeitet und ergänzt haben, um sie in das Format, die Ausdrucksweise und die Vollständigkeit zu bringen, in der sie nun in diesem Buch vorliegen. Die zugrunde liegende Idee war dabei, diese Handreichungen, aus denen wir viel gelernt haben, auch Ihnen als Leser zugänglich zu machen.

Unser Dank gilt daher zu allererst Herrn Tausendfreund für die Bereitstellung der Handreichungen, dem DESY Hamburg für die freundliche Förderung, dann Matthias Schult, Thorsten Schult, Stephan Hähne und Christoph Bußenius für die Erstkorrekturen des Manuskripts und Gunnar Bastkowski, Christoph Bußenius, Sweetlana Fremy, Yasar Goedecke, Stephan Hähne, Matthias Hille, Leonhard Horstmeyer, Herman Iwan, Nicole Lange, Ole Niekerken, Matthias Schult, Thorsten Schult,

Markus Schwarz, Sandra Seliger, Sabrina Thron, Malte Titze, Julia Weingart und Björn Zimmat für die finanzielle Unterstützung. Auch danken wir unseren Eltern für die moralische Unterstützung während der Herstellung dieses Buches (und Rheas Oma für die Schokolade).

Wir wünschen Ihnen viel Freude bei der Lektüre dieses Buches. Wir hoffen, dass es Sie mit ebenso viel Begeisterung erfüllen kann wie uns die fünf Jahre Arbeitsgemeinschaft „Faszination Physik".

Hamburg, den 1. Oktober 2003

        Rhea-Silvia Remus, Carl Christoph Bergemann

Inhaltsverzeichnis

Vorwort   i

Vorwort der Herausgeber   iii

I. Spezielle Relativitätstheorie: Physik der Zeitreisen   1

1. Geschichte der Speziellen Relativitätstheorie   3
    1.1. Der Lichtäther 3
    1.2. Zeitreisen 6

2. Grundlagen der Speziellen Relativitätstheorie   9
    2.1. Die Minkowski-Welt der Ereignisse und Weltlinien   9
       2.1.1. Ereignisse und Weltlinien 9
       2.1.2. Die Minkowski-Metrik 15
    2.2. Die Lorentz-Transformation 18
       2.2.1. Inertialsysteme 18
       2.2.2. Die Galilei-Transformation 18
       2.2.3. Die Lorentz-Transformation 19
       2.2.4. Die Konstanz der Lichtgeschwindigkeit . . . 22
    2.3. Anwendungen der Lorentz-Transformation 24
       2.3.1. Die Zeitdilatation 24
       2.3.2. Das Zwillingsparadoxon 25

	2.3.3.	Die Lorentzkontraktion	27
	2.3.4.	Die relativistische Geschwindigkeitsaddition	28
2.4.	Auswirkungen der Speziellen Relativitätstheorie auf Massen		30
	2.4.1.	Die Relativität der Masse	30
	2.4.2.	Die Formel $E = mc^2$	31

3. Kinematik der geradlinig gleichförmigen Beschleunigung 35

3.1.	Beschleunigungen in der Speziellen Relativitätstheorie		35
3.2.	Die Schiffsbeschleunigung im Erdsystem		38
3.3.	Zusammenhänge von Zeit und Geschwindigkeit . .		40
	3.3.1.	Aufstellen einer Differentialgleichung für $\beta(t)$	41
	3.3.2.	Eine spezielle Lösung ohne Integralrechnung	43
	3.3.3.	Eine spezielle Lösung mit Integralrechnung	45
	3.3.4.	Die spezielle Lösung zur Anfangsbedingung $\beta(0) = 0$	46
	3.3.5.	Der nichtrelativistische Grenzfall als Probe	47
	3.3.6.	Die Geschwindigkeit als Funktion der Zeit .	47
3.4.	Zusammenhänge zwischen Weglänge und Zeit . . .		48
	3.4.1.	Aufstellen einer Differentialgleichung für $x(t)$	49
	3.4.2.	Die allgemeine Lösung ohne Integration . .	50
	3.4.3.	Die allgemeine Lösung mit Integration . . .	51
	3.4.4.	Die Lösung zur Anfangsbedingung $x(0) = 0$	52
	3.4.5.	Der nichtrelativistische Grenzfall	52
	3.4.6.	Die Beschleunigungszeit zu gegebener Weglänge	53
3.5.	Uhrenvergleich		53
	3.5.1.	Herleitung einer Differentialgleichung	56
	3.5.2.	Die allgemeine Lösung der Differentialgleichung (3.18)	56
	3.5.3.	Zweiter Weg mit Integralrechnung	60
	3.5.4.	Die Lösung zur Anfangsbedingung $t = 0 = t'$	60

	3.5.5. Schiffszeit in Abhängigkeit vom Weg	61
3.6.	Ein Zahlenbeispiel zur beschleunigten Bewegung .	61
	3.6.1. Voraussetzungen	61
	3.6.2. Die Reise zur Wega	62
	3.6.3. Die Lösung des Zwillingsparadoxons	64

4. Eine Zeitmaschine aus zwei Wurmlöchern — **67**

4.1. Das Vissersche Wurmloch 67
4.2. Nullte Näherung: Zeitreise mit unmöglich hohen Beschleunigungen 68
    4.2.1. Berechnung der Zeitschleife 70
4.3. Erste Näherung: Abschätzung der Beschleunigungs- und Bremszeiten im Rahmen der Newtonschen Physik 71
4.4. Abschätzung der Beschleunigungs- und Bremszeiten im Rahmen der speziellen Relativitätstheorie . 73
    4.4.1. Fehlerabschätzung 74

II. Allgemeine Relativitätstheorie: Schwarzes Loch und Hyperraum   77

5. Das Schwarze Loch – Schwarzschild-Radius und Schwarzschild-Metrik   **79**

5.1. Der Radius eines Schwarzen Lochs nach der Newtonschen Physik 79
    5.1.1. Einleitung 79
    5.1.2. Energie und Energieformen 80
    5.1.3. Die Fluchtgeschwindigkeit 83
    5.1.4. Die Schwarzschildsche Formel 84
5.2. Die Schwarzschild-Metrik 88
    5.2.1. Erklärung der Schwarzschild-Metrik 88

		5.2.2.	Der Definitionsbereich der Schwarzschild-Metrik	89

       5.2.2. Der Definitionsbereich der Schwarzschild-Metrik 89
       5.2.3. Cartesische Koordinaten des Normalraums und des Hyperraums 90
       5.2.4. Innere und äußere Krümmung: die isometrische Einbettung einer Ebene 91
       5.2.5. Die Einbettungsfunktion 94
  5.3. Eine Übungsaufgabe 95

6. Die Schildkrötenkoordinate   101
  6.1. Einleitung 101
  6.2. In Schwarzschild-Koordinaten hängt die Lichtgeschwindigkeit vom Ort ab 103
       6.2.1. Die Steigung der Lichtweltlinien 104
       6.2.2. Die Geschwindigkeit radial laufender Lichtsignale 104
  6.3. Ein Lichtsignal auf dem Weg ins schwarze Loch . . 106
  6.4. Eine Differentialgleichung für die Schildkrötenkoordinate 108
       6.4.1. Zur Lösung der Differentialgleichung 109
       6.4.2. Diskussion der gefundenen Lösung 110

7. Die Kruskal-Szekeres-Metrik   119
  7.1. Fortschritt unter Bewahrung des Erreichten 119
  7.2. Gerade Lichtweltlinien im u-v-Diagramm 121
  7.3. Lichtsignale geben Aufschlüsse über kausale Zusammenhänge 123

8. Mutabor: Transformationsformeln   127
  8.1. Eine Transformation der Raumzeit außerhalb des Schwarzen Lochs 127
  8.2. Eine Transformation der Raumzeit im Inneren des Schwarzen Loches 130

8.3. Eine zweite Transformation der Innenraumzeit .. 136
8.4. Eine zweite Transformation der Außenraumzeit .. 138
8.5. Die Umkehrung der Transformationen 140
    8.5.1. Die Berechnung der Zeitkoordinate ct ... 140
    8.5.2. Die Berechnung der Ortskoordinate r ... 141
8.6. Deutung der Transformation 142

III. Quantenmechanik   145

9. Elementare Quantenmechanik   147
9.1. Historischer Einstieg über die Wärmelehre 147
9.2. Spin, Fermionen und Bosonen 148
    9.2.1. Die Spinquantenzahl 149
9.3. Grundpfeiler der Quantenmechanik 150
    9.3.1. Der Welle-Teilchen-Dualismus 150
    9.3.2. Das Paulische Ausschließungsprinzip 152
    9.3.3. Die Heisenbergsche Unschärferelation ... 154

10. Die Schrödinger-Gleichung   157
10.1. Die Zustände eines Elektrons 157
10.2. Observable 159
10.3. Zustandsänderungen 161
10.4. Ein Elektron, eingeschränkt auf ein Intervall der x-Achse 162
10.5. Ein Elektron, eingeschränkt auf das Innere eines Quaders 169

11. Entartete Elektronengase   179
11.1. Einleitung 179
11.2. Die Nullpunktsenergie eines eindimensionalen Gases 180
    11.2.1. Die Energie des Elektronengases 180
    11.2.2. Die Elektronenverteilung auf die Zustände . 181

- 11.2.3. Die Fermi-Energie E_F 181
- 11.2.4. Die Gesamtenergie E_{Gas} des Gases 182
- 11.2.5. Die mittlere Energie $\langle E \rangle$ der Elektronen des Gases 183
- 11.3. Nullpunktsenergien dreidimensionaler Elektronengase 183
  - 11.3.1. Ein Elektronengas mit 10 Elektronen 183
  - 11.3.2. Ein Elektronengas mit 50 Elektronen 186
- 11.4. Ein Elektronengas, das den Namen verdient 189
  - 11.4.1. Die Verteilung 189
  - 11.4.2. Die Fermi-Energie 191
  - 11.4.3. Die Nullpunktsenergie 193
  - 11.4.4. Die mittlere Elektronenenergie 194
- 11.5. Der Nullpunktsdruck eines Elektronengases 196
  - 11.5.1. Die reversible Kompressionsarbeit 197
  - 11.5.2. Die Ableitung der Energie des Elektronengases nach dem Volumen 198

12. Entartete Gase unter Gravitation: Weiße Zwerge — 201

- 12.1. Die Weißen Zwerge 40 Eridani B und Sirius B ... 201
- 12.2. Massendichte und Elektronenzahldichte 203
  - 12.2.1. Lokale Massen- und Elektronenzahldichte . 204
- 12.3. Die Zahl der Elektronen in einem Weißen Zwerg . 209
- 12.4. Die Fermi-Geschwindigkeit 211
- 12.5. Die Beziehung zwischen Masse und Radius eines Weißen Zwerges 215
  - 12.5.1. Freiraum für die Elektronen: Nullte Näherungen 216
  - 12.5.2. Die Nullpunktsenergie der Elektronen gegen die Gravitationsenergie der Atomkerne: Eine erste Näherung 220

  12.5.3. Der Nullpunktsdruck der Elektronen gegen den Gravitationsdruck der Atomkerne: Eine andere erste Näherung 226

13. Schwarze Löcher sind nicht schwarz   233
 13.1. Schwarze Löcher strahlen doch 233
 13.2. Virtuelle Teilchen 235
  13.2.1. Die Lebensdauer eines Paars virtueller Photonen 236
  13.2.2. Virtuelle Photonen am Schwarzen Loch . . 237
 13.3. Gerochs Paradoxon 239
  13.3.1. Die Hauptsätze der Thermodynamik 239
  13.3.2. Gerochs Paradoxon 240
 13.4. Die Energie der Photonen der Hawking-Strahlung . 242
 13.5. Die Hohlraumstrahlung 245
 13.6. Die Temperatur eines Schwarzen Loches 247
 13.7. Die Leuchtkraft eines Schwarzen Loches 248
 13.8. Die Zerstrahlung eines Schwarzen Loches 249

IV. Anhang   253

A. Das Wiensche Verschiebungsgesetz   255

B. Mathematische Hinweise   261
 B.1. Eigenschaften der trigonometrischen Funktionen . 261
 B.2. Die Hyperbelfunktionen 263
 B.3. Die Areafunktionen 265
 B.4. Das totale Differential 266
 B.5. Komplexe Zahlen 267
  B.5.1. Grundrechenarten 267
  B.5.2. Potenzrechnung 269

C. Tabellen **271**
    C.1. Mathematische Konstanten 271
    C.2. Einheitenumrechnungen 271
    C.3. Physikalische Konstanten 272
    C.4. Das griechische Alphabet 273

Literaturverzeichnis **275**
    Index 280
    Namensliste 285

Teil I.

Spezielle Relativitätstheorie: Physik der Zeitreisen

1. Geschichte der Speziellen Relativitätstheorie

> „Ich denke an Michelson immer als an den Künstler in der Wissenschaft. Größte Freude scheinen ihm die Schönheit des Experiments selbst und die Eleganz der dabei angewandten Methoden bereitet zu haben."
> – Albert Einstein –

1.1. Der Lichtäther

Anfang des 19. Jahrhunderts wies Thomas Young duch seine Versuche am Doppelspalt nach, dass Licht eine Welle ist, da es die klassische Interferenz erzeugt, die jede andere mechanische Welle ebenfalls erzeugt. Wenn das Licht also eine Welle ist, so braucht es auch wie jede andere mechanische Welle ein Medium, durch das sie sich fortbewegt und dessen Eigenschaften die Geschwindigkeit der Wellenbewegung bestimmen. So hängt z.B. die Geschwindigkeit der Schallwellen von der Temperatur der Luft ab. Auch kann das jeweilige Medium relativ zur Wellenbewegung mechanischer Wellen als ruhend betrachtet werden.

Da sich Licht jedoch auch im Vakuum ausbreiten kann, kann dieses gesuchte Medium keine normale Materie sein. So griffen die Physiker auf den bereits im antiken Griechenland eingeführten Lichtäther zurück.

Dieser Lichtäther muss nun gewisse Eigenschaften haben:

- Er erfüllt den ganzen Weltraum.

- Seine Dichte muss so gering sein, dass mechanische Körper in ihm keinerlei Reibung erfahren, wenn sie sich bewegen, denn sonst müsste z.B. bei den Planetenbewegungen eine Verlangsamung durch Reibung zu beobachten sein, die nicht durch das Newtonsche Gravitationsgesetz zu beschreiben wäre.

- Er müsste sehr starr sein, denn anderenfalls ließe sich die hohe Geschwindigkeit des Lichtes nicht erklären.

- Er müsste als ruhendes System betrachtet werden, auf das sich die Bewegungen sämtlicher Körper beziehen ließen.

Die letzte Annahme, dass der Äther ein absolutes Bezugssystem ist, widersprach jedoch dem Newtonschen Relativitätsprinzip, dass alle Systeme, in denen das erste Newtonsche Axiom (das Trägheitsprinzip) gilt, einander gleichberechtigt sind. Sollte sich der Äther also als absolutes Bezugssystem erweisen, so hätte es drastische Konsequenzen für die ganze bekannte Physik, weshalb das Interesse an einem Beweis für die Äthertheorie groß war.

Da der Äther den gesamten Weltraum erfüllen sollte, musste sich auch die Erde in ihm bewegen. Da diese Bewegung quasi ohne Reibung erfolgen sollte, musste es auf der Erde eine Art Ätherwind geben, der die Geschwindigkeit des Lichtes je nach Bewegungsrichtung verändert. Eine Messung der Lichtgeschwindigkeit müsste also je nach Bewegungsrichtung des Lichtes zum Ätherwind ein größeres oder kleineres Ergebnis liefern als der den von Maxwell errechneten Wert für die Geschwindigkeit c des Lichtes:

$$c = \frac{1}{\sqrt{\varepsilon_0 \mu_0}} = 3 \cdot 10^8 \mathrm{ms}^{-1},$$

wobei ε_0 die Dielektrizitätsdichte und μ_0 die Permeabilitätsdichte im Vakuum ist. Im Jahre 1881 begann Albert Michelson, die

Lichtgeschwindigkeit relativ zur Erde zu messen und im Zuge dessen die Geschwindigkeit der Erde relativ zum Äther zu bestimmen. Dazu erfand er das nach ihm benannte Michelson-Interferometer. Dieses Interferometer besteht aus zwei rechtwinklig aufeinander stehenden, gleich langen Röhren, an deren Schnittpunkt sich ein halbdurchlässiger Spiegel befindet. Schickt man nun Licht durch diesen halbdurchlässigen Spiegel, so wird ein Teil des Lichtes in den ersten der beiden Arme durchgelassen und der andere Teil des Lichtes wird um 90° abgelenkt und in den anderen Arm des Interferometers gelenkt. Am Ende beider Arme befinden sich je ein Spiegel, der das Licht reflektiert und zum Ausgangspunkt zurückwirft. Je nach Aufbaurichtung des Interferometers müsste nun einer der Arme parallel zum Ätherwind und der andere im rechten Winkel zum Ätherwind stehen, wodurch die beiden reflektierten Lichtstrahlen unterschiedlich lange brauchen, bis sie wieder am Ursprungsort eintreffen und somit eine Interferenz erzeugen. Dreht man das Interferometer um 90°, so müsste man ein anderes Interferenzmuster erhalten.

Michelson führte dieses Experiment viele Male durch, doch immer blieben die Resultate negativ.

Es gab diverse Versuche, die Äthertheorie zu retten, doch Albert Einstein schlussfolgerte aus seinen selbst durchgeführten Rechnungen zur Elektrodynamik und den fehlgeschlagenen Experimenten, dass es keinen Äther gibt. Er veröffentlichte 1905 seine bahnbrechende Arbeit „Zur Elektrodynamik bewegter Körper", in der er seine Spezielle Relativitätstheorie begründete und zwei Postulate aufstellte, die die Äthertheorie widerlegten und in verkürzter Form lauten:

1. Alle Inertialsysteme sind physikalisch gleichberechtigt. Es gibt kein bevorzugtes System, da die Naturgesetze in allen Inertialsystemen die gleiche Form annehmen (Dies ist eine Bekräftigung des Newtonschen Relativitätsprinzips).

2. Da alle Inertialsysteme gleichberechtigt sind, ist die Lichtgeschwindigkeit im Vakuum überall gleich groß, unabhängig vom Bewegungszustand der Lichtquelle.

Diese Postulate hatten viele den nichtrelativistischen Annahmen zunächst widersprechende Konsequenzen, unter anderem die Lorentz-Transformation, die Längenkontraktion und die Zeitdilatation, worauf wir in dem vorliegenden Teil des Buches unter anderem auch zu sprechen kommen werden.

1912 gelangte Einstein dann zu dem Schluss, dass der Raum nichteuklidisch ist. Auf dieser Basis errechnete er dann seine Ergebnisse zur Allgemeinen Relativitätstheorie, die er mit seiner Aufstellung der allgemein kovarianten Feldgleichungen 1915 beendete und veröffentlichte.

Zunächst waren Einsteins Arbeiten sehr umstritten. Erst als Sir Arthur Eddington während einer Sonnenfinsternis am 29. Mai 1919 die von Einsteins Allgemeiner Relativitätstheorie durch die Raumkrümmung vorhergesagte Lichtablenkung von Sternenlicht maß, gelangten sowohl die Spezielle als auch die Allgemeine Relativitätstheorie zu vollständiger Anerkennung.

1.2. Zeitreisen

Nach der Speziellen Relativitätstheorie sind Zeitreisen vorwärts grundsätzlich möglich.

Natürlich ist die schönste theoretische Physik wenig wert, wenn sie nicht die Wirklichkeit beschreibt. Darum ist es beruhigend zu wissen, dass es keinen Versuch gibt, dessen Ergebnisse der Speziellen Relativitätstheorie widersprechen. Und vorwärts gerichtete Zeitreisen wurden seit den siebziger Jahren mehrfach nachgewiesen, zuerst im Oktober 1971 mit Verkehrsflugzeugen. Später gelangen mit Spezialflugzeugen Zeitreisen um Dutzende von Nanosekunden in die Zukunft und schließlich Missionen von Erdsatelliten, in denen die Temponauten um Mikrosekunden und sogar um Millisekunden in die Zukunft gelangten. Auf der D1-Mission gelang beispielsweise eine Zeitreise um 1,8 Millisekunden in die Zukunft.

Dagegen sind Zeitreisen rückwärts, also in die Vergangenheit gerichtete Zeitreisen, heftig umstritten. Als erster hatte Kurt Gödel 1949 darauf hingewiesen, dass es geschlossene zeitartige Linien durch die Raumzeit geben könnte, und er trug Einstein darüber vor. Science-Fiction-Fans sagen kurz Zeitschleifen zu diesen Linien von Ereignissen. Gödel fand ein Universum als Lösung der Einsteinschen Feldgleichungen, in dem ein Reisender, dessen Raumschiff zuerst ständig beschleunigt und dann ständig gebremst wird, in seine eigene Vergangenheit gelangen könnte, natürlich nur rein theoretisch [Sch83, S. 229].

Gödel hatte auch abgeschätzt, wieviel Treibstoff der Reisende braucht: Von dem besten Treibstoff, der uns bekannt ist, nämlich Materie und Antimaterie im Massenverhältnis 1:1, benötigt er $10^{22} \frac{a^2}{t^2}$ mal die Schiffsmasse, wobei t die Reisezeit „nach dem Zeitmaß des Reisenden" und a ein Jahr bedeutet.

Beispiel 1.1
Angenommen die Eigenzeit der Reise dauere 10 Jahre und das Schiff samt Reisendem hätte die Masse von nur 120 Tonnen. Haben Sie Bedenken, dass diese Masse nicht ausreicht? Der Reisende könnte auch ein Roboter sein. Dann müsste das Schiff

$$10^{22} \frac{a^2}{10^2 a^2} \cdot 1,2 \cdot 10^5 \mathrm{kg} = 1,2 \cdot 10^{25} \mathrm{kg}$$

an Treibstoff mitführen, die Hälfte davon, also $6 \cdot 10^{24}$kg, als Antimaterie.

Das wäre so viel Antimaterie wie der Erdball Masse hat. Natürlich wird die Menschheit noch lange nicht imstande sein, so viel Antimaterie aufzuhäufen. Aber für eine sagen wir einmal 200 Mil-

lionen Jahre alte intergalaktische Zivilisation wäre dieses Projekt nicht ausgeschlossen.

Heute wissen wir, dass wir nicht in einem Gödelschen Universum leben. Doch für die Frage, ob rückwärtige Zeitreisen grundsätzlich unmöglich seien, ist es interessant zu wissen, dass sie nicht undenkbar sind.

Seit jedoch Morris und Thorne 1988 die durchquerbaren Wurmlöcher für interstellare Reisen wiederentdeckten, brauchen wir nur vorauszusetzen, dass es zwei gegeneinander bewegte schiffbare Wurmlöcher gibt, um allein mit der Speziellen Relativitätstheorie eine Zeitreise in die Vergangenheit durchzurechnen. Dies werden wir in Kapitel 4 auch durchführen.

Der Alte würfelt nicht.

2. Grundlagen der Speziellen Relativitätstheorie

> „Die Leute sind sich gar nicht darüber im Klaren, wie groß der Einfluss von Lorentz auf die Entwicklung der Physik gewesen ist. Wir können uns gar nicht vorstellen, wie alles gelaufen wäre, hätte Lorentz nicht so viele Beiträge geleistet."
> – Albert Einstein –

Physikalische Themen: Minkowski-Raum, Inertialsysteme, Lorentz-Transformation, Zeitdilatation, Zwillingsparadoxon, Lorentz-Kontraktion, Geschwindigkeitsaddition, Relativität der Masse

2.1. Die Minkowski-Welt der Ereignisse und Weltlinien

2.1.1. Ereignisse und Weltlinien

In der Speziellen Relativitätstheorie ist es nicht mehr sinnvoll, den Ort eines Objekts unabhängig von der Zeit, zu der es an diesem Ort ist, zu betrachten. In Bezug auf ein Koordinatensystem kann jeder Ort als Zusammenfassung dreier Ortskoordinaten x, y, z und jeder Zeitpunkt durch eine Zeitkoordinate t dargestellt werden. Fassen wir beides zusammen, so nennen wir es Ereignis.

Definition 2.1 (Ereignis) *Die geordnete Zusammenfassung eines Raumpunktes und eines Zeitpunktes heißt in der Speziellen Relativitätstheorie Ereignis.*

Die Gesamtheit aller Ereignisse bildet die Raumzeit. Als verallgemeinerte Zeitkoordinate wird meist das Produkt ct der Zeitkoordinate t mit der Lichtgeschwindigkeit c gewählt, was zunächst den Vorteil hat, dass dieses Produkt ct die gleiche Maßeinheit hat wie die drei Ortskoordinaten. Vor allem hat die neue Zeitkoordinate ct den Vorzug, dass die Steigung der Weltlinien der Lichtteilchen den Betrag 1 hat.

Definition 2.2 (Weltlinie) *Die Menge aller Ereignisse, die ein punktförmiges Teilchen, der Schwerpunkt eines ausgedehnten Körpers oder irgendein ausgezeichneter Punkt eines Körpers im Laufe der Zeit durchlebt, heißt Weltlinie dieses Teilchens bzw. des betreffenden Punktes dieses Körpers.*

Eine Weltlinie bietet uns die Möglichkeit, mit einem Blick die Geschichte eines Punktes zu erfassen.

Beispiel 2.1
Abbildung 2.1 stellt folgende Weltlinien in der x-ct-Ebene im Intervall von $ct = 0$ bis $ct = 1\text{Ls}$ dar:

- *Die Weltlinie eines Massenpunktes, der am Ort $(x;y;z) = (0,5\text{Ls};0;0)$ ruht.*

- *Die Weltlinie eines Massenpunktes, der mit 25% der Lichtgeschwindigkeit die x-Achse entlang vorwärts fliegt, wobei er zur Zeit 0 den Ort $(x;y;z) = (-0,2\text{Ls};0;0)$ durchfliegt.*

- *Die Weltlinie eines Lichtteilchens, das zur Zeit $t = 0$ am Ort $(x;y;z) = (0,4\text{Ls};0;0)$ gegen die x-Richtung emittiert wird und nach 1s absorbiert wird.*

Beispiel 2.2
Die Bewegung eines Doppelsterns sollte einen Touch von Realität haben. Wir denken uns ein Doppelsternsystem, das aus einem Neutronenstern und einem Schwarzen Loch besteht.

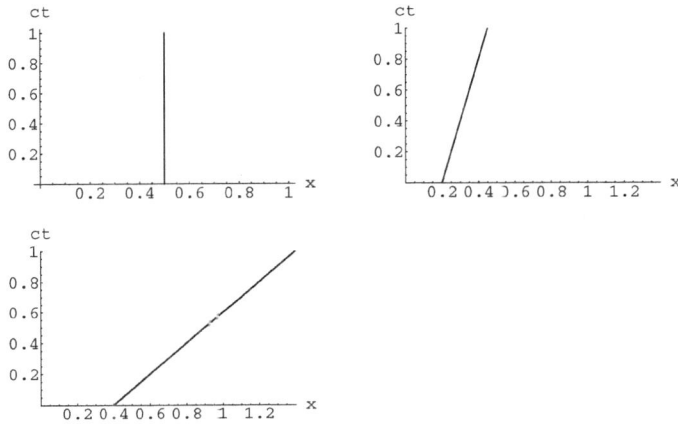

Abbildung 2.1.: Weltlinien gleichförmig bewegter Objekte

Die Bahnradien der Komponenten des Doppelsterns und ihre Umlaufzeit dürfen wir nicht willkürlich vorgeben, denn sie müssen das 3. Keplersche Gesetz erfüllen und in der Vorgabe der Massen haben wir nur wenig Freiheit. Alle bekannten Neutronensterne haben Massen nahe der 1,4fachen Sonnenmasse, und wir dürfen auch kein Schwarzes Loch mit einer zu kleinen oder zu großen Masse annehmen.

Wir zeichnen die Weltlinien der Schwerpunkte des Schwarzen Loches und des Neutronensterns, von denen jedes den Schwerpunkt des von ihnen gebildeten Sternsystems umkreist, innerhalb eines Zeitraumes von einer Sekunde im x-y-ct-Raum. Der Neutronenstern habe die 1,4fache Sonnenmasse, das Schwarze Loch die dreifache Masse des Neutronensterns. Wir wollen so tun, als wäre ihr gegenseitiger Abstand r konstant gleich 1000km. Wir rechnen im Rahmen der Newtonschen Physik und vernachlässigen den Energieverlust des Systems durch Gravitationsstrahlung.

Wir wählen das Bezugssystem so, dass der Schwerpunkt des Doppelsterns in ihm ruht, richten die z-Achse senkrecht zur Bahnebene des Doppelsterns aus und orientieren die x- und die y-Achse so, dass sich der Schwerpunkt des Neutronensterns zur Zeit $t = 0$ auf der positiven x-Halbachse befindet und seine Geschwindigkeit in die positive y-Richtung zeigt.

Zur Lösung dieses Problemes ziehen wir das dritte Keplersche Gesetz heran: Die Umlaufzeit T der Komponenten eines Doppelsterns um ihren gemeinsamen Schwerpunkt ergibt sich aus ihrem Abstand r und ihren Massen M_1 und M_2 in der Form für Kreisbahnen:

$$T^2 = \frac{4\pi^2}{G(M_1 + M_2)} \cdot r^3. \qquad (2.1)$$

Allgemein sind die Koordinaten x_s, y_s, z_s des Schwerpunkts eines Systems zweier Punktmassen M_1 und M_2 durch folgende Gleichungen definiert:

$$x_s = \frac{M_1 x_1 + M_2 x_2}{M_1 + M_2}; \qquad (2.2a)$$

$$y_s = \frac{M_1 y_1 + M_2 y_2}{M_1 + M_2}; \qquad (2.2b)$$

$$z_s = \frac{M_1 z_1 + M_2 z_2}{M_1 + M_2}. \qquad (2.2c)$$

Damit haben wir zusammengetragen, was wir brauchen, um die Umlaufzeit zu berechnen. Es ist also $M_1 = 1,4 M_{\text{Sonne}} = 2,8 \cdot 10^{30}$kg und $M_2 = 4,2 M_{\text{Sonne}} = 8,4 \cdot 10^{30}$kg. Dies setzen wir zusammen mit $r = 10^6$m in das dritte Keplersche Gesetz ein.

$$T^2 = 0,053 \text{s}^2$$

und erhalten:

$$T = 0,23 \text{s}.$$

Jeder der beiden Himmelskörper umläuft den gemeinsamen Schwerpunkt in weniger als einer Viertelsekunde.

Da die Bewegungen der beiden Himmelskörper um den gemeinsamen Schwerpunkt Kreisbewegungen sind, haben die Weltlinien im x-y-ct-Raum die Form von Helices um die ct-Achse. Die Radien dieser Helices erhalten wir aus Gleichung (2.2a). Da nämlich bei $ct = 0$ sowohl der Neutronenstern als auch der Schwerpunkt des Systems auf der x-Achse liegen, ist auch das Schwarze Loch auf der x-Achse, bei $x_2 = x_1 - 1000\text{km}$. Dies setzen wir in (2.2a) ein und erhalten

$$x_s = \frac{M_1 x_1 + M_2(x_1 - 1000\text{km})}{M_1 + M_2}.$$

Da $x_s = 0$, ergibt sich

$$0 = M_1 x_1 + M_2 x_1 - 1000 M_2 \text{km},$$

also

$$x_1 = \frac{1000 M_2 \text{km}}{M_1 + M_2} = 750\text{km}.$$

Entsprechend ist

$$x_2 = -\frac{1000 M_1 \text{km}}{M_1 + M_2} = -250\text{km}.$$

Damit ergibt sich für die Weltlinie $w_{SL}(t)$ des Schwarzen Lochs in Parameterform:

$$w_{SL}(t) = \left(-250\text{km} \cos\left(\frac{2\pi}{0,23\text{s}}t\right); -250\text{km} \sin\left(\frac{2\pi}{023\text{s}}t\right); t\right).$$

Analog ist die Weltlinie $w_N(t)$ des Neutronensterns gegeben durch

$$w_N(t) = \left(750\text{km} \cos\left(\frac{2\pi}{0,23\text{s}}t\right); 750\text{km} \sin\left(\frac{2\pi}{0,23\text{s}}t\right); t\right).$$

Die resultierenden Weltlinien sind in Abbildung 2.2 abgebildet.

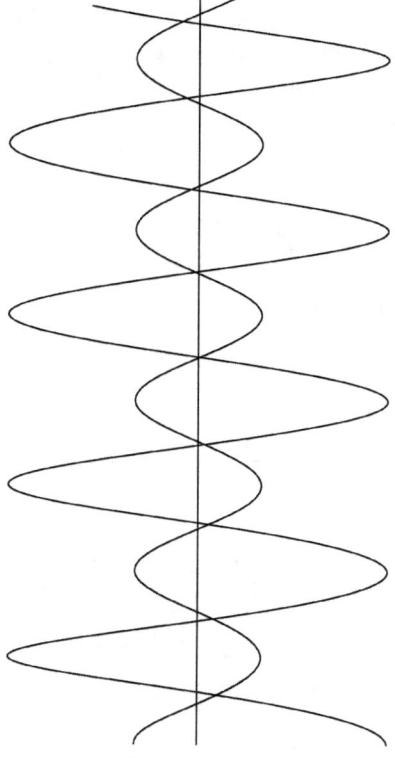

Abbildung 2.2.: Die Weltlinien des Doppelsternsystems aus Beispiel 2.2

2.1.2. Die Minkowski-Metrik

Es bietet sich an, in der Raumzeit einen Abstandsbegriff einzuführen, eine Metrik. Den „Abstand" Δs zweier Ereignisse

$$(x_1, y_1, z_1, ct_1)$$

und

$$(x_2, y_2, z_2, ct_2)$$

definieren wir über die Gleichung

$$\Delta s^2 = (x_1 - x_2)^2 + (y_1 - y_2)^2 + (z_1 - z_2)^2 - (ct_1 - ct_2)^2. \quad (2.3)$$

Diese Gleichung ist verwandt mit dem Satz des Pythagoras, nur geht die Zeitkomponente negativ ein. Dies hat zur Folge, dass Δs^2 auch negativ sein kann. Wir werden noch sehen, dass das in den meisten interessanten Fällen so ist. Aus theoretischen Gründen ist es dennoch sinnvoll von Δs^2 zu sprechen. Wir werden gleich zeigen, dass Δs^2 ohnehin sehr viel interessanter ist als Δs.

Die Raumzeit zusammen mit der Metrik (2.3) bezeichnet man als den Minkowski-Raum oder Minkowski-Welt. In Abschnitt 2.2.4 wird auch deutlich, warum gerade diese Metrik sinnvoll ist. Dort wird sich nämlich zeigen, dass Δs^2 für jeden Beobachter (in einem Inertialsystem, siehe Definition 2.4) gleich ist. Nach der Speziellen Relativitätstheorie ist das überhaupt nicht selbstverständlich.

Offensichtlich können wir drei verschiedene Fälle unterscheiden: $\Delta s^2 > 0$, $\Delta s^2 = 0$ und $\Delta s^2 < 0$. Zur Unterscheidung definieren wir:

Definition 2.3 *Zwei Ereignisse sind zueinander raumartig, wenn gilt:*
$$\Delta s^2 > 0.$$

Entsprechend sind zwei Ereignisse zueinander zeitartig, wenn gilt
$$\Delta s^2 < 0.$$

Zwei Ereignisse sind zueinander lichtartig, wenn gilt

$$\Delta s^2 = 0.$$

Zum Verständnis dieser Begriffe stellen wir uns vor, von einem bestimmten Ereignis gehe ein Lichtblitz in alle Richtungen aus. Weil die Raumzeit für einen dreidimensionalen Ortsraum vierdimensional ist, betrachten wir für den Moment nur Ereignisse (x, y, z, ct) mit $z = 0$. Dann müssen wir nämlich nur eine dreidimensionale Raumzeit betrachten, was der Anschauung hilft.

Stellen wir uns nun vor, von einem bestimmten Ereignis, das wir vollkommen willkürlich in den Koordinatenursprung legen, gehe ein Lichtblitz in alle Richtungen der x-y-Ebene aus. Die Weltlinie eines solchen Lichtblitzes bildet eine Kegelfläche. Stellen wir uns diesen Kegel auch noch in die Vergangenheit fortgesetzt vor, so erhalten wir einen Lichtkegel. Alle Ereignisse auf diesem Lichtkegel sind lichtartig zu dem Ausgangsereignis. Alle Ereignisse im Inneren des Lichtkegels sind zu dem Ausgangsereignis zeitartig. Da nach der Speziellen Relativitätstheorie die Lichtgeschwindigkeit die höchste erreichbare Geschwindigkeit ist, wie wir in Abschnitt 2.2.4 noch feststellen werden, begrenzt der Lichtkegel die Menge der Ereignisse, die mit dem Ausgangsereignis in einem kausalen Zusammenhang stehen. Um nämlich von einem Ereignis zu einem anderen Ereignis zu gelangen, das zu dem ersten Ereignis zeitartig ist, benötigt man eine Geschwindigkeit unterhalb der Lichtgeschwindigkeit.

Ereignisse außerhalb des Lichtkegels hingegen sind raumartig zu dem Ausgangsereignis und können von diesem aus nicht beeinflusst werden, da sich Signale nur mit höchstens Lichtgeschwindigkeit ausbreiten können.

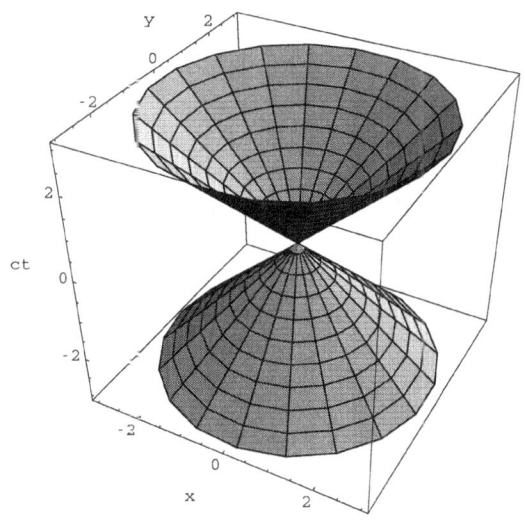

Abbildung 2.3.: Ein Lichtkegel

2.2. Die Lorentz-Transformation

2.2.1. Inertialsysteme

Eine grundlegende Annahme der modernen Physik ist, dass kein Beobachter vor einem anderen ausgezeichnet sein darf. Rom ist nicht Mittelpunkt der Welt, die Erde ist nicht Mittelpunkt des Universums und auch die Sonne steht nur im Mittelpunkt des Sonnensystems. Einen Mittelpunkt der Welt gibt es nicht, schließlich wäre er gegenüber allen anderen Punkten ausgezeichnet. Genauso verhält es sich mit den Geschwindigkeiten. Eine Geschwindigkeit lässt sich immer nur in Relation zu einem Bezugssystem, dem eigenen Standpunkt, messen. Die physikalischen Gesetze hingegen müssen unabhängig vom jeweiligen Bezugssystem gelten. Besonders einfach ist die Betrachtung, wenn auf ein Bezugssystem keine Kraft von außen einwirkt.

Definition 2.4 (Inertialsystem) *Ein Inertialsystem ist ein Bezugssystem, auf welches keine äußere Kraft einwirkt.*

Das bedeutet insbesondere, dass das Bezugssystem nicht beschleunigt ist. Selbstverständlich wollen wir unsere Beobachtungen von einem Bezugssystem in jedes andere umrechnen (transformieren) können.

2.2.2. Die Galilei-Transformation

Denken wir uns einen Beobachter, der von uns aus gesehen in seinem kugelförmigen Raumschiff mit der Geschwindigkeit v auf der x-Achse in x-Richtung fliegt. Unsere Raumzeit-Koordinaten x, y, z, t beziehen wir auf ein rechtwinkliges Achsensystem und eine Uhr.

Natürlich legt der Beobachter den Ursprung seines Koordinatensystems in die Mitte der kugelförmigen Schiffshülle. Uns zum

Gefallen orientiert er sein Koordinatensystem so, dass seine Achsen genau parallel zu unseren entsprechenden Achsen sind. Und er ist einverstanden, dass wir seine Koordinaten durch je einen Strich von unseren unterscheiden. Der Beobachter hat also die Raumzeit-Koordinaten: x', y', z', t'. Weil seine y'-Achse parallel zu unserer y-Achse ist und weil er längs der x-Achse fliegt, ist die von ihm aus gemessene y'-Koordinate eines Ereignisses genau so groß wie die von uns aus gemessene y-Koordinate dieses Ereignisses, kurz: $y' = y$. Entsprechendes gilt für die z-Koordinaten: $z' = z$.

Wir legen auch gemeinsam den Nullpunkt unserer Zeitrechnungen fest, und zwar auf die Zeit, zu der das Raumschiff durch unseren Koordinaten-Ursprung flog. Anders gesagt, unsere Zeit $t = 0$ ist seine Zeit $t' = 0$, und zu eben dieser Zeit deckten sich die Koordinaten-Dreibeine beider Systeme, d. h. zur Zeit $t = 0$ galt $x' = x$. Dann müssen sich die Koordinaten des Beobachters aus unseren Koordinaten berechnen lassen. Nach Galilei gelten folgende Gleichungen zwischen den Koordinaten:

$$x' = x - vt;$$
$$y' = y;$$
$$z' = z;$$
$$t' = t.$$

Dies ist die sogenannte Galilei-Transformation.

2.2.3. Die Lorentz-Transformation

Auch nach Lorentz und Einstein transformieren sich die Koordinaten linear, aber die Orts- und die Zeitkoordinaten mischen sich. Die Transformation zwischen den oben beschriebenen Bezugssystemen schreiben wir mit Abkürzungen:

$$x' = \gamma(x - \beta ct); \tag{2.4a}$$
$$y' = y; \tag{2.4b}$$
$$z' = z; \tag{2.4c}$$
$$ct' = \gamma(-\beta x + ct). \tag{2.4d}$$

Die Abkürzungen β und γ sind international üblich:

$$\beta := \frac{v}{c}; \tag{2.5}$$

$$\gamma := \frac{1}{\sqrt{1 - \frac{v^2}{c^2}}} = \frac{1}{\sqrt{1 - \beta^2}}; \tag{2.6}$$

manchmal wird γ auch groß geschrieben, also Γ statt γ, besonders wenn vorher wiederholt von γ-Strahlen gesprochen wurde.

Beispiel 2.3
Um ein Gefühl für die Größe des Faktors γ zu gewinnen, rechnen wir ihn für ein paar Geschwindigkeiten v aus:

v	0	$0,2c$	$0,4c$	$0,6c$	$0,8c$	$0,9c$	$0,99c$
γ	1	$1,0206$	$1,0911$	$1,25$	$1,6667$	$2,2942$	$7,0888$

Nähert sich v der Lichtgeschwindigkeit, so strebt γ gegen Unendlich.

Beispiel 2.4 (Relativität der Gleichzeitigkeit)
Die Lorentz-Transformationen sorgen dafür, dass die Spezielle Relativitätstheorie unseren Alltagserfahrungen scheinbar widerspricht. Betrachten wir zum Beispiel zwei Ereignisse (x_1, y_1, z_1, ct) und (x_2, y_2, z_2, ct), die aus unserer Sicht, wobei wir uns natürlich in einem Inertialsystem befinden, gleichzeitig sind. Nun betrachten wir die gleichen Ereignisse aus der Sicht eines Beobachters in

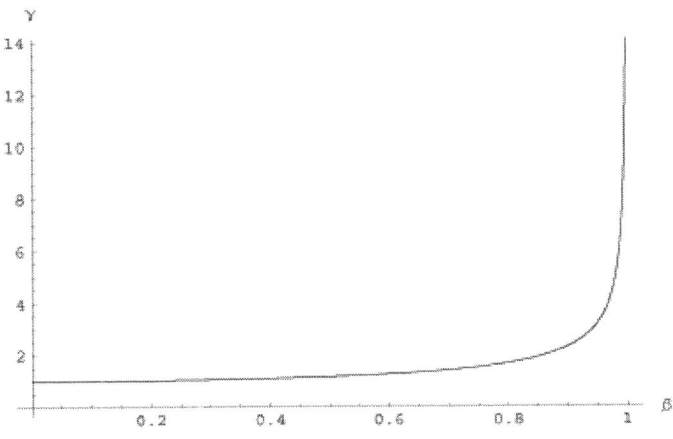

Abbildung 2.4.: Der Faktor γ

einem anderen Inertialsystem, das sich mit einer Geschwindigkeit v in x-Richtung bewegt und dessen Koordinatenursprung sich zur Zeit $t = 0$ mit unserem Ursprung deckt. Für diesen Beobachter haben die beiden Ereignisse die Koordinaten

$$(\gamma(x_1 - \beta ct), y_1, z_1, \gamma(-\beta x + ct))$$

bzw.

$$(\gamma(x_2 - \beta ct), y_2, z_2, \gamma(-\beta x_2 + ct))$$

. Man sieht sofort, dass aus der Sicht dieses Beobachters die beiden Ereignisse nicht mehr gleichzeitig sind, falls $x_1 \neq x_2$. Dies steht natürlich im Widerspruch zu unserer Alltagserfahrung.

Da in der Speziellen Relativitätstheorie sämtliche Bezugssysteme gleichberechtigt sind, müssen diese Gleichungen auch für das gestrichene Bezugssystem gelten. Hier gilt jedoch $\beta' = -\beta$, da natürlich die Bewegungsrichtung vertauscht ist. Damit gilt im gestrichenen Bezugssystem:

$$x = \gamma(x' + \beta ct'); \qquad (2.7a)$$
$$y = y'; \qquad (2.7b)$$
$$z = z'; \qquad (2.7c)$$
$$ct = \gamma(\beta x' + ct'). \qquad (2.7d)$$

Die relativistischen Korrekturen an der Galilei-Transformation lassen sich für hinreichend kleine Geschwindigkeiten v experimentell nicht nachweisen: Wenn das Korrekturglied βx in der Transformation der Zeitkoordinate so klein ist, dass es im Vergleich zum Messfehler von ct vernachlässigt werden darf, und wenn der Unterschied des Dehnungsfaktors γ gegen 1 nicht mehr nachweisbar ist, dann ist der Unterschied zwischen der Lorentz-Transformation und der Galilei-Transformation unmessbar klein.

Die wohl wesentlichste Eigenschaft der Lorentz-Transformation ist, dass Raum und Zeit nicht mehr unabhängig voneinander sind. Weil die Zeit bei der Transformation der Raumkoordinaten eine Rolle spielt und die x-Koordinate eine Rolle bei der Transformation der Zeit spielt, wird der Ortsvektor $\mathbf{r} = x\mathbf{e_x} + y\mathbf{e_y} + z\mathbf{e_z}$ zum Weltvektor $\mathbf{R} = x\mathbf{e_x} + y\mathbf{e_y} + z\mathbf{e_z} + ct\mathbf{e_{ct}}$ erweitert.

2.2.4. Die Konstanz der Lichtgeschwindigkeit

Zwei Beobachter, die sich in Inertialsystemen mit der Geschwindigkeit v gegeneinander bewegen, messen die Geschwindigkeit, mit der sich ein Lichtblitz, der zur Zeit $t = t' = 0$ am Ort $x = x' = 0$ ausgelöst wurde, in Raum und Zeit ausbreitet. Einstein nahm an, dass beide Beobachter den gleichen Wert c messen, also die Lichtgeschwindigkeit in jedem Inertialsystem gleich groß ist.

Zwischen dem Betrag $|x|$ der Ortskoordinate der Wellenfront auf der x-Achse zur Zeit t, die seit dem Blitz vergangen ist, und dieser Zeit t gilt die Gleichheit: $|x| = ct$. Einstein nahm an, dass der andere Beobachter die entsprechende Gleichheit misst: $|x'| = ct'$.

Es ist bequemer, mit den Quadraten zu rechnen als mit den Absolutbeträgen, darum schreiben wir die Gleichungen um: In unserem Bezugssystem gilt $x^2 = c^2t^2$; und im Bezugssystem des anderen Beobachters soll entsprechend gelten $x'^2 = c^2t'^2$. Nach Einstein muss für die Koordinaten $x, ct; x', ct'$ eines Ereignisses auf der Lichtwellenfront gelten:

$$x^2 - c^2t^2 = x'^2 - c^2t'^2.$$

Einstein verlangte noch mehr: Er setzte voraus, dass diese Gleichung für die Koordinaten eines jeden Ereignisses gilt. So gelangte Einstein zur Lorentz-Transformation, die sich Lorentz ganz anders erklärt hatte.

Wir gehen den umgekehrten, viel leichteren Weg: Wir überprüfen, ob die Lorentz-Transformation diese Gleichung erfüllt. Dazu setzen wir die Lorentz-Transformation in das Quadrat des Abstands des Ereignisses $(x'; 0; 0; ct')$ vom Ereignis $(0; 0; 0; 0)$ im System der gestrichenen Koordinaten ein:

$$\begin{aligned}
x'^2 - c^2t'^2 &= \gamma^2(x - \beta ct)^2 - \gamma^2(-\beta x + ct)^2 \\
&= \gamma^2[(x - \beta ct)^2 - (-\beta x + ct)^2] \\
&= \gamma^2[(x^2 - 2x\beta ct + \beta^2 c^2 t^2) - (\beta^2 x^2 - 2\beta xct + c^2 t^2)] \\
&= \gamma^2[x^2 - 2x\beta ct + \beta^2 c^2 t^2 - \beta^2 x^2 + 2\beta xct - c^2 t^2)] \\
&= \gamma^2[x^2(1 - \beta^2) + c^2 t^2(\beta^2 - 1)] \\
&= \gamma^2[x^2(1 - \beta^2) - c^2 t^2(1 - \beta^2)] \\
&= \gamma^2[(x^2 - c^2 t^2)(1 - \beta^2)] \\
&= x^2 - c^2 t^2.
\end{aligned}$$

Daraus ergibt sich das wohl befremdenste Resultat der Speziellen Relativitätstheorie. Jeder Beobachter sieht den gleichen Lichtblitz mit der gleichen Geschwindigkeit. Wenn ein aus unserer Sicht bewegter Beobachter einen Lichtblitz aussendet, ist dessen Geschwindigkeit immer noch c. Damit wird auch klar, warum kein Beobachter über die Lichtgeschwindigkeit hinaus beschleunigt werden kann. Diese Erkenntnis wird uns auch später noch begegnen.

2.3. Anwendungen der Lorentz-Transformation

2.3.1. Die Zeitdilatation

Nach der Lorentz-Transformation verändert sich nicht nur der Ort, sondern auch die Zeit. Um den Unterschied herauszuarbeiten, vergleichen wir die Zeit, die an Bord eines sich bewegenden Raumschiffes vergeht, mit der Erdzeit. Wir betrachten folgendes Szenario: Eine Atomuhr auf der Erde und eine Atomuhr an Bord eines an der Erde vorbeifliegenden Raumschiffes werden in dem Moment, in dem das Raumschiff die Erde passiert, auf $t_0 = 0$ gesetzt. Man nennt die Uhren dann synchronisiert. Wir vergleichen nun folgende Zeiten:

- die Zeit t, die nach dem Gang der irdischen Atomuhr während der Mission des Raumschiffes vergangen ist;

- und die Zeit t', die jemand an Bord dieses Raumschiffs während der Mission verbringt, gemessen von der raumschiffeigenen Atomuhr.

Dabei bewegt sich das Raumschiff mit konstanter Geschwindigkeit v auf der x-Achse von der Erde weg. In unserem Bezugssystem erfüllt der Ort x des Raumschiffes zur Zeit t die Gleichung $x = v\Delta t$, also $x = \beta ct$, und in dem Bezugssystem des Raumfahrers gilt für den Ort x' des Raumschiffs zu jeder Zeit t die Gleichung: $x' = 0$.

Wir suchen nun eine Gleichung, die t und t' verbindet. Hierzu ziehen wir die Gleichungen der Lorentz-Transformation zu Rate:

$$x' = \gamma(x - \beta ct);$$
$$ct' = \gamma(-\beta x + ct).$$

Durch das Einsetzen der Gegebenheiten in die erste Transformationsgleichung erhalten wir

$$x' = \gamma(\beta ct - \beta ct) = 0.$$

Diese Gleichung ist zweifellos richtig, aber sie hilft uns nicht weiter. Das Einsetzen der Gegebenheiten in die zweite Transformationsgleichung gibt uns jedoch, was wir suchen:

$$ct' = \gamma(-\beta \beta ct + ct) = \gamma ct(-\beta^2 + 1) = \gamma \frac{1}{\gamma^2} ct;$$

$$ct' = \frac{1}{\gamma} ct. \qquad (2.8)$$

Für einen Beobachter im Bezugssystem „Erde" vergeht also mehr Zeit während der Mission als für den Beobachter im Bezugssystem „Schiff". Die Zeit im Erdsystem ist somit „dilatiert", das heißt, sie ist im Vergleich der Bezugssysteme „Erde" und „Schiff" für den Beobachter auf der Erde verlängert.

„Zeitdilatation" bedeutet also kurz, dass für ein sich bewegendes Objekt um so weniger Zeit vergeht, je schneller es sich im Vergleich zu einem ruhenden Beobachter bewegt.

2.3.2. Das Zwillingsparadoxon

Wir wissen aus der soeben durchgeführten Rechnung, dass die Zeit für bewegte Objekte langsamer vergeht als für relativ zu diesen Objekten ruhende bzw. langsamer bewegte Objekte.

So folgerten wir aus der zuvor durchgeführten Rechnung, dass für den Beobachter im System „Schiff" weniger Zeit während seiner Mission vergeht als für den Beobachter im Bezugssystem „Erde". Doch ist diese Schlussfolgerung auch richtig?

Nach Einstein sind alle Inertialsysteme gleichberechtigt. Betrachten wir die gegeneinander bewegten Inertialsysteme „Erde" und „Schiff". Wir nehmen an, eines der Crewmitglieder des Schiffes habe einen Zwillingsbruder, der auf der Erde zurückbleibt, während sein Zwillingsbruder mit dem Schiff, das mit annähernd Lichtgeschwindigkeit fliegt, zur Wega aufbricht, dort forscht und wieder zurückkehrt.

Aus Sicht des Zwillings im Bezugssystem „Erde" entfernt sich sein Zwillingsbruder mit annähernd Lichtgeschwindigkeit zu Wega, während er selbst in seinem Bezugssystem „Erde" ruht. Laut der Zeitdilatation müsste der Zwilling im bewegten Bezugssystem „Schiff" bei seiner Rückkehr jünger sein als sein Bruder im ruhenden Bezugssystem „Erde".

Versetzen wir uns nun in den Zwilling an Bord des Raumschiffes. Aus seiner Sicht bewegt sich sein Zwillingsbruder im Bezugssystem „Erde" mit annähernd Lichtgeschwindigkeit von ihm weg, während er selbst in seinem Inertialsystem „Schiff" ruht. Wenn er wieder auf seinen Zwillingsbruder auf der Erde trifft, muss dieser jünger sein als er selbst.

Doch welcher Zwilling ist nun älter? Der Zwilling im Bezugssystem „Schiff" oder der im Bezugssystem „Erde"? Es ist paradox, dass jeder der beiden Zwillinge glaubt, der jeweils andere sei der Jüngere. Dieses Paradoxon nennt man das „Zwillingsparadoxon".

Manchmal wird es auch als „Uhrenparadoxon" bezeichnet, wenn man an Stelle der Zwillinge zwei vor dem Start synchronisierte Uhren betrachtet. Ein Versuch dazu wurde bereits durchgeführt. Dieser Versuch ist als Hafele-Keating-Experiment bekannt, das den Experimentatoren jedoch ein eindeutiges Ergebnis lieferte: Diesem Experiment zufolge ist der Zwilling im Bezugssystem „Schiff" nach seiner Rückkehr der Jüngere. Woran das liegt, können wir jedoch erst in Abschnitt 3.6.3 erklären, denn dazu müssen wir zunächst die Beschleunigung in der Speziellen Relativitätstheorie kennenlernen.

2.3.3. Die Lorentzkontraktion

Wenn sich also bei Bewegung der Zeitverlauf ändert, dann muss es auch für Längen einen entsprechenden Effekt geben, weil die Transformationsgleichungen für Ort und Zeit gleichwertig sind. Wir wollen die Länge eines Maßstabes von zwei verschiedenen Inertialsystemen aus messen, wobei der Maßstab in Richtung der Relativgeschwindigkeit der beiden Bezugssysteme ausgerichtet sein soll.

Die Örter der beiden Maßstabsenden sollen natürlich jeweils gleichzeitig gemessen werden. Wieder denken wir uns die Erde als ein Bezugssystem und ein Raumschiff als das zweite Bezugssystem. Der Maßstab sei das Raumschiff selbst, dessen Längsrichtung wir uns in x-Richtung denken. Die Differenz der x'-Koordinaten von Bug und Heck im Raumschiffsystem sei $\Delta x' = L$ und die Differenz der Zeiten Δt, zu denen der Abstand zwischen Bug und Heck im Bezugssystem der Erde gemessen wird, sei 0, denn die x-Koordinaten von Bug und Heck sollen ja gleichzeitig gemessen werden.

Gesucht ist also eine Gleichung, die $\Delta x'$ und Δx verbindet. Weil wir hier Koordinatendifferenzen transformieren wollen, schreiben wir die Lorentz-Transformationen für zwei Ereignisse hin, die wir durch die Indizes 1 und 2 unterscheiden,

$$x'_1 = \gamma(x_1 - \beta c t_1);$$
$$x'_2 = \gamma(x_2 - \beta c t_2),$$

und wir subtrahieren die Terme der beiden Gleichungen voneinander, um eine Gleichung für die Differenzen zu erhalten:

$$\Delta x' = \gamma(\Delta x - \beta \Delta ct).$$

Entsprechend erhalten wir die Transformationsgleichung der Zeitdifferenzen:

$$\Delta ct' = \gamma(-\beta \Delta x + \Delta ct).$$

Durch Einsetzen von $\Delta t = 0$ und $L = \Delta x'$ in die erste Transformationsgleichung ergibt sich die Formel

$$L = \gamma(\Delta x - 0) = \gamma \Delta x.$$

Also
$$\Delta x' = \gamma \Delta x$$
oder
$$\Delta x = \frac{1}{\gamma} \Delta x'.$$

Der Beobachter auf der Erde misst für das Raumschiff eine kürzere Länge Δx als der Beobachter auf dem Schiff misst. Im Bezugssystem der Erde ist das Schiff kürzer als im Ruhsystem des Schiffs, es ist „kontrahiert".

Dies ist keine scheinbare Verkürzung durch eine Art Sinnestäuschung. Im Bezugssystem der Erde, das im Vergleich zum Bezugssystem „Schiff" bewegt ist, ist das Schiff tatsächlich kürzer. Lorentz erklärte sich die Verkürzung als Zusammenstauchen durch den Ätherwind.

2.3.4. Die relativistische Geschwindigkeitsaddition

Stellen wir uns vor, ein Raumschiff, das mit 90% der Lichtgeschwindigkeit fliegt, schieße ein Projektil mit 60% der Lichtgeschwindigkeit nach vorne. Wir sehen sofort, dass wir die beiden Relativgeschwindigkeiten in unserem Bezugssystem nicht einfach addieren dürfen, denn sonst hätte das Projektil die eineinhalbfache Lichtgeschwindigkeit. Entweder die Theorie ist falsch, oder unsere Vorstellung hatte irgendwo einen Fehler. Dem müssen wir nachgehen.

Betrachten wir also ein Raumschiff mit der Geschwindigkeit v_1 und, in dessen Bezugssystem, die Geschwindigkeit v_2' des Projektils in Flugrichtung.

Wir suchen eine Formel zur Umrechnung von v_2' in das ungestrichene Bezugssystem, also eine Formel für v_2. Als Grundgleichungen verwenden wir die Lorentz-Transformationen (2.7) und die Gleichung

$$v = \frac{dx}{dt}.$$

Um die gesuchte Formel zu erhalten, müssen wir nur noch einsetzen:

$$\begin{aligned} v_2 &= \frac{dx_2}{dt_2} \\ &= \frac{\gamma(dx_2' + \beta c\, dt_2')}{\frac{\gamma}{c}(\beta\, dx_2' + c\, dt_2')} \\ &= \frac{dx_2' + v_1\, dt_2'}{\frac{v_1}{c^2} dx_2' + dt_2'} \\ &= \frac{dt_2'\left(\frac{dx_2'}{dt_2'} + v_1\right)}{dt_2'\left(\frac{v_1}{c^2}\frac{dx_2'}{dt_2'} + 1\right)} \\ &= \frac{v_2' + v_1}{\frac{v_1 v_2'}{c^2} + 1} \end{aligned}$$

Die gefundene Formel

$$v_2 = \frac{v_2' + v_1}{\frac{v_1 v_2'}{c^2} + 1}, \qquad (2.9)$$

ermöglicht uns die Geschwindigkeit des Projektils zu berechnen. Sie beträgt 97.4% der Lichtgeschwindigkeit. Wir sehen also, dass sich die Geschwindigkeiten nicht einfach addieren lassen, solange wir mit relativistischen Geschwindigkeiten rechnen. Nichtrelativistische Geschwindigkeiten kann man addieren, da die Abweichungen vernachlässigbar klein sind. Diese Formel erklärt auch die Ergebnisse des Physikers Fizeau, der um 1850 die Lichtgeschwindigkeit in strömenden Flüssigkeiten untersuchte. Er selbst erklärte die Abweichungen vom erwarteten Wert durch einen Mitführungskoeffizienten, der angab, wie stark der Weltäther von der Flüssigkeit mitgerissen wird.

2.4. Auswirkungen der Speziellen Relativitätstheorie auf Massen

2.4.1. Die Relativität der Masse

Wir stellen uns vor, eine Kugel der Masse 10kg fliegt aus 1km Entfernung innerhalb von 10s in eine Wand. Dort hinterlässt sie ein Loch, dessen Tiefe nur vom Impuls der Kugel abhängt. Die Tiefe des Loches ist also ein Maß für den Impuls der Kugel. Nun stellen wir uns vor, ein Beobachter A fliegt mit hoher Geschwindigkeit an diesem Aufbau vorbei. Für die folgenden Rechnungen ist es essentiell, dass seine Bewegungsrichtung aus Sicht eines zur Wand ruhenden Beobachters B senkrecht zu der der Kugel ist. Die Tiefe des Einschlagloches messen A und B gleich. Folglich misst A den gleichen Impuls für die Kugel wie B. Zugleich jedoch benötigt die Kugel aufgrund der Zeitdilatation aus A's Sicht länger bis zum Einschlag. Also muss, damit der Impuls gleich bleibt, die Masse der Kugel A's Sicht größer sein als 10kg. Aus B's Sicht ist der Impuls p einer Kugel der Masse m, die die Strecke s in der Zeit t

zurücklegt gegeben als
$$p = \frac{ms}{t}.$$
Der Impuls p' im bewegten System ist gleich diesem Impuls. Es ist $s' = s$, da die Bewegungsrichtung der Kugel senkrecht zur Bewegung des Beobachters gewählt war, aber $t' = \gamma t$. Da gelten muss
$$\frac{ms}{t} = \frac{m's'}{t'},$$
muss also
$$m' = \gamma m$$
gelten. Üblicher ist für diese Gleichung die folgende Schreibweise:
$$m = \gamma m_0. \tag{2.10}$$
Hier steht m_0 für die Ruhemasse der Kugel, also ihre Masse in ihrem eigenen Bezugssystem. m ist ihre Masse aus der Sicht eines äußeren Beobachters. γ ergibt sich aus der Geschwindigkeit der Kugel aus Sicht dieses Beobachters.

2.4.2. Die Formel $E = mc^2$

Wir sehen also, dass die Masse eines Körpers zunimmt, je schneller sich dieser Körper bewegt. Wir müssen uns jetzt natürlich fragen, wie das zu verstehen ist. Dazu müssen wir eine Formel aus der Newtonschen Mechanik in leicht veränderter Form voraussetzen. Der Beweis, dass sie gilt, würde den Rahmen dieses Buches allerdings sprengen. Wir kennen die klassische Relation
$$F = ma,$$
wobei F die Kraft ist, die einen Körper der Masse m mit der Beschleunigung a beschleunigt. Newton selbst schrieb diese Gleichung allerdings etwas anders. In heutiger Notation ausgedrückt

schrieb er die folgende Gleichung:

$$F = \frac{dp}{dt}, \qquad (2.11)$$

wobei p der Impuls des beschleunigten Körpers ist. In der klassischen Physik sind natürlich beide Schreibweisen äquivalent, nicht jedoch nach der Speziellen Relativitätstheorie. Mit Gleichung (2.10) können wir Gleichung (2.11) schreiben als

$$F = \frac{d}{dt}\frac{m_0 v}{\sqrt{1 - \frac{v^2}{c^2}}}. \qquad (2.12)$$

Nun erinnern wir uns an die Definition der mechanischen Arbeit. Verschiebt eine Kraft F eine Masse m um die Strecke ds, so wird die Arbeit $dW = F\,ds$ verrichtet. Die kinetische Energie ist dann:

$$dE_{\text{kin}} = F\frac{ds}{dt}dt = vF\,dt. \qquad (2.13)$$

Es ergibt sich dann:

$$\begin{aligned}
vF &= v\frac{d}{dt}\frac{m_0 v}{\sqrt{1 - \frac{v^2}{c^2}}} \\
&= m_0 v\left[\frac{\frac{v^2}{c^2}\frac{dv}{dt}}{\left(1 - \frac{v^2}{c^2}\right)^{\frac{3}{2}}} + \frac{\frac{dv}{dt}}{\left(1 - \frac{v^2}{c^2}\right)^{\frac{1}{2}}}\right] \\
&= \frac{m_0 v\frac{dv}{dt}}{\left(1 - \frac{v^2}{c^2}\right)^{\frac{3}{2}}} \\
&= \frac{d}{dt}\frac{m_0 c^2}{\sqrt{1 - \frac{v^2}{c^2}}}.
\end{aligned}$$

Damit ist:
$$dE_{\text{kin}} = d\left(\frac{m_0 c^2}{\sqrt{1-\frac{v^2}{c^2}}}\right).$$

Diesen Term integrieren wir und erhalten:
$$E_{\text{kin}} = \frac{m_0 c^2}{\sqrt{1-\frac{v^2}{c^2}}} + C.$$

Da bei $v = 0$ auch $E_{\text{kin}} = 0$ sein sollte, ergibt sich für die Integrationskonstante $C = -E_0$, wobei E_0 die Energie des ruhenden Körpers ist:
$$E_0 = m_0 c^2.$$

Damit ist
$$E_{\text{kin}} = \frac{m_0 c^2}{\sqrt{1-\frac{v^2}{c^2}}} - m_0 c^2 = (m - m_0)c^2.$$

Folglich hat der Körper eine Gesamtenergie E mit
$$E = E_{\text{kin}} + E_0 = mc^2. \qquad (2.14)$$

Daraus folgt natürlich, dass jeder Körper ein gewisses Maß an Energie mit sich führt. Diese Energie wird beispielsweise bei Kernzerfällen frei. Bei alltäglichen Geschwindigkeiten ist der Anteil der Energie sogar der Überwiegende. (Bei welcher Geschwindigkeit sind kinetische Energie und Ruheenergie gleich?)

Zeit, Länge, Masse, alles ist relativ, nur
die Lichtgeschwindigkeit ist absolut.

3. Kinematik der geradlinig gleichförmigen Beschleunigung

> Es ist mit unseren Urteilen wie mit unseren Uhren. Keine geht mit der anderen vollkommen gleich, und jeder glaubt doch der seinigen.
> – Christian Fürchtegott Gellert –

Physikalische Themen: Beschleunigungs-, Geschwindigkeits-, Strecken- und Zeitverlauf bei beschleunigter Bewegung

3.1. Beschleunigungen in der Speziellen Relativitätstheorie

Findet sich in absehbarer Zeit kein schiffbares Wurmloch durch den Hyperraum, weder ein natürliches noch ein künstliches, und lässt sich auf die Schnelle weder Alcubierres Warp Drive noch Krasnikovs Röhre konstruieren, dann müssen die ersten Sternfahrenden Jahre oder Jahrzehnte lang mit relativistischen Geschwindigkeiten durch den Normalraum reisen, wenn sie ein fremdes Planetensystem besuchen wollen, sonst kämen sie nie im Leben an und schon gar nicht mehr zurück auf die Erde.

Damit die Astronauten mit relativistischen Geschwindigkeiten reisen können, muss ihr Schiff auf relativistische Geschwindigkeiten beschleunigt werden. Bei allen bisher gegebenen Beispielen sind wir von bereits bewegten Raumschiffen ausgegangen, die somit weder ein Start- noch ein Endereignis hatten, sodass Beschleunigungen für die Rechnungen irrelevant waren. Wenn wir nicht von Kavalierstarts und entsprechenden Bremsungen ausgehen möchten oder gezwungen sein wollen, in nullter Näherung zu rechnen, müssen wir die Beschleunigungsphasen berücksichtigen.

Wer sich erst in die Spezielle Relativitätstheorie einarbeiten will, fragt sich vielleicht, ob wir Beschleunigungen mit Spezieller Relativitätstheorie berechnen dürfen. Es ist ein Irrtum zu glauben, sie könnten nur mit Allgemeiner Relativitätstheorie behandelt werden.

Wir haben doch auch die Weltlinie eines Schwarzen Lochs und eines Neutronensterns im gegenseitigen Umlauf skizziert. Sie beide kreisen um einen gemeinsamen Schwerpunkt, bewegen sich also beschleunigt, denn jede Richtungsänderung ist eine Beschleunigung. Auch hier haben wir den Gültigkeitsbereich der Speziellen Relativitätstheorie nicht verlassen.

Von der Beschleunigung eines Körpers dürfen wir in der Speziellen Relativitätstheorie sehr wohl reden: Wir hatten schon den Ortsvektor $\mathbf{r} := x\mathbf{e_x} + y\mathbf{e_y} + z\mathbf{e_z}$ zum Ereignis-Vierervektor, zum Weltvektor $\mathbf{R} := x\mathbf{e_x} + y\mathbf{e_y} + z\mathbf{e_z} + ct\mathbf{e_{ct}}$ erweitert. Entsprechend können wir den dreidimensionalen Geschwindigkeitsvektor $(d/d\tau)\mathbf{r}$ zum Vierergeschwindigkeits-Weltvektor $(d/d\tau)\mathbf{R}$ erweitern, wobei τ die Eigenzeit bedeutet, also die Zeit im Ruhsystem des beschriebenen Körpers. Und so können wir auch den dreidimensionalen Beschleunigungsvektor $(d^2/d\tau^2)\mathbf{r}$ zur Viererbeschleunigung $(d^2/d\tau^2)\mathbf{R}$ erweitern, wobei τ die Eigenzeit im augenblicklichen Ruhsystem des beschriebenen Körpers bedeutet: Zu jeder Zeit beschreiben wir die Viererbeschleunigung in einem anderen Inertialsystem.

So können wir den Gang der Uhren eines beschleunigten Raumschiffs im Rahmen der Speziellen Relativitätstheorie beschreiben, allerdings darf die Beschleunigung nicht zu stark sein, sonst bräuchten wir doch die Allgemeine Relativitätstheorie. Wir nehmen an, dass für die Schiffsuhren die Zeit während eines infinitesimal kurzen Zeitintervalls so vergeht, als wäre die Geschwindigkeit des Schiffs, bezogen auf ein Inertialsystem, z.B. auf die Uhren der Erde, in diesem Zeitintervall konstant. Und das nehmen wir für jedes infinitesimal kurze Zeitintervall an. Oder wir beziehen die Schiffsbewegung in jedem Augenblick auf ein anderes Inertialsystem: Jeweils das Inertialsystem, in dem das Schiff für einen Zeitpunkt ruht. Diese Menge von Inertialsystemen nennen wir das mitbewegte Bezugssystem, das augenblickliche Ruhsystem des Schiffs: Für jeden Zeitpunkt beziehen wir uns auf ein anderes Inertialsystem.

Die relativistischen Gesetze sind etwas komplizierter als die nichtrelativistischen. Das gilt selbst dann, wenn wir die Bewegung nur auf ein Inertialsystem beziehen. Sehen Sie sich das klassische Geschwindigkeits-Zeit-Gesetz der nichtrelativistischen geradlinig gleichförmigen Beschleunigung a an:

$$v = a \cdot t \tag{3.1}$$

Die Gleichung sagt uns, dass die Geschwindigkeit v des beschleunigten Körpers proportional zur Zeit t anwächst. Das Gesetz kann nicht einfacher sein. Leider ist es falsch, auch wenn sich der Fehler erst bei relativistischen Geschwindigkeiten bemerkbar macht. Aus der Voraussetzung (3.1) folgt nämlich die Aussage, dass die Geschwindigkeit des Körpers zur Zeit $t = c/a$ die Lichtgeschwindigkeit c erreicht und nach dieser Zeit sogar überschreitet. Aber diese Behauptung, dass ein materieller Körper auf die Lichtgeschwindigkeit und darüber hinaus beschleunigt werden kann, widerspricht der Speziellen Relativitätstheorie, wie aus Abschnitt 2.2.4 folgt.

Darum muss das relativistische Gesetz komplizierter sein als das nur für den Spezialfall langsamer Bewegungen gültige Gesetz $v = at$. Außerdem müssen wir zwischen den Größen a, v, x

und t, der Beschleunigung, der Geschwindigkeit, des Orts und der Zeit der Schiffsbewegung im Erdsystem, und den entsprechenden Größen a', v', x' und t' der Schiffsbewegung im Schiffssystem unterscheiden. Im Folgenden suchen und finden wir nicht nur eine Gleichung zwischen v und t, sondern auch Gleichungen zwischen anderen Paaren von Größen aus der Menge $\{a, v, x, t; a', v', x', t'\}$. Aber viel komplizierter als die alten Gesetze des freien Falls sind die neuen Gesetze nicht. Der Aufwand, sie zu verstehen, lohnt sich. Sie können damit einige interessante Bewegungsprobleme durchrechnen, von denen in diesem Buch einige später noch behandelt werden.

- Jede Reise mit Phasen gleichförmiger Beschleunigung und Phasen konstanter Geschwindigkeit (siehe Abschnitt 3.6);

- den Vorschlag einer interstellaren Rundreise mit einem Lichtsegelschiff, das von Großlasern im Sonnensystem angetrieben wird [FD86];

- einen Klassiker wie den *Flug der Libelle* [For86];

- eine Zeitreise in die Vergangenheit über zwei gegeneinander bewegte Wurmlöcher. (An diese Rechnung wollen wir uns in Kapitel 4 wagen.)

3.2. Die Schiffsbeschleunigung im Erdsystem

Zunächst wollen wir eine Gleichung zwischen der gegebenen konstanten Beschleunigung a' des Raumschiffs im augenblicklichen Bezugssystem des Schiffs und der Beschleunigung a des Schiffs im Bezugssystem der Erde herleiten. Dazu berechnen wir, um welchen Zuwachs dv, bezogen auf das Erdsystem, die Geschwindigkeit des Schiffs zugenommen hat, nachdem die Beschleunigung a' während des Zeitintervalls dt' wirkte, wobei beide Größen a'

und dt' auf das Schiff bezogen sind. Wir setzen dabei das Einsteinsche Additionstheorem der Geschwindigkeiten voraus (Abschnitt 2.3.4). Hat ein Raumschiff die Geschwindigkeit v_1 relativ zur Erde und hat ein Körper die Geschwindigkeit v_2' relativ zum Raumschiff, so hat dieser Körper relativ zur Erde die Geschwindigkeit v_2, gegeben durch das Additionstheorem der Geschwindigkeiten [Ein05]:

$$v_2 = \frac{v_2' + v_1}{1 + \frac{v_1 v_2'}{c^2}}. \tag{2.9}$$

Im Weiteren schreiben wir statt v_1 nur noch v. Als Geschwindigkeit v_2' setzen wir den Geschwindigkeitszuwachs $dv' = a'dt'$ des Raumschiffs in Bezug auf das Schiffssystem zur Zeit t' ein, und so erhalten wir die Geschwindigkeit $v_2 = v + dv$ des Schiffs im Bezugssystem der Erde zur Zeit $t + dt$:

$$v + dv = \frac{v + a'dt'}{1 + \frac{va'dt'}{c^2}}.$$

Den Ausdruck auf der rechten Seite entwickeln wir nach Taylor mit Hilfe der Gleichung

$$\frac{1}{1+x} = 1 - x + x^2 - x^3 \pm \ldots$$

nach der kleinen Größe $va'dt'/c^2$ und erhalten in linearer Näherung:

$$v + dv = v + a'dt' - \frac{v^2 a' dt'}{c^2},$$

also

$$dv = a'dt' - \beta^2 a'dt' = \gamma^{-2} a'dt' \tag{3.2}$$

mit den Abkürzungen (2.5) und (2.6).

Unser Ziel ist eine Gleichung zwischen der Beschleunigung a' und der Beschleunigung $a = dv/dt$. Dazu brauchen wir nur noch das Zeitdifferential dt' ins Erdsystem zu transformieren, also durch das Differential dt auszudrücken. Wir übernehmen die Formel (2.8) für die Zeitdilatation aus Abschnitt 2.3.1 und schreiben sie als Gleichung zwischen den Differentialen,

$$dt' = \gamma^{-1} dt,$$

ersetzen in Gleichung (3.2) das Differential dt' des Schiffssystems durch das Differential dt des Erdsystems,

$$dv = \gamma^{-3} a' dt,$$

und haben unser Ziel erreicht. Die Gleichung zwischen den Schiffsbeschleunigungen a' und $a := dv/dt$ der beiden Bezugssysteme lautet für kleine Beschleunigungen

$$a = \gamma^{-3} a'. \tag{3.3}$$

Der Vorfaktor γ^{-3}, um den sich die beiden Beschleunigungen unterscheiden, hängt von der Zeit ab. Weil die Relativgeschwindigkeit des Schiffs bei konstanter Beschleunigung ständig zunimmt, wird der Lorentzfaktor γ ständig größer, also wird der Vorfaktor γ^{-3} mit der Zeit immer kleiner.

3.3. Zusammenhänge von Zeit und Geschwindigkeit

Wir nutzen die Kenntnis der Schiffsbeschleunigung a im Erdsystem nach Gleichung (3.3) und bestimmen die Geschwindigkeit v des Schiffs relativ zur Erde – oder eleganter die Schiffsgeschwindigkeit β in Einheiten der Lichtgeschwindigkeit – als Funktion der Zeit t, gemessen im Inertialsystem der Erde. Wir gehen im einzelnen die folgenden Schritte:

1. Wir schreiben die Gleichung (3.3) als Differentialgleichung für die Geschwindigkeit β.

2. Wir bestimmen eine spezielle Lösung dieser Differentialgleichung.

3. Wir bestimmen über die allgemeine Lösung die spezielle Lösung zur Anfangsbedingung: $\beta(0) = 0$, dass also das Sternenschiff zu Anfang der Beschleunigung noch ruht.

4. Wir prüfen, ob sich für nichtrelativistische Geschwindigkeiten die Formel $v = a \cdot t$ ergibt.

5. Wir berechnen die Geschwindigkeit explizit als Funktion der Zeit.

Anmerkung 3.1 *Eine Differentialgleichung ist keine Gleichung nur zwischen Zahlen oder Variablen, sondern eine Gleichung zwischen Funktionen oder Funktionstermen. Als Lösungen suchen wir keine Zahlen, sondern Funktionen oder Funktionsterme. Sie heißt Differentialgleichung, weil ein Differentialquotient der gesuchten Funktion mindestens einmal in ihr vorkommt.*

3.3.1. Aufstellen einer Differentialgleichung für $\beta(t)$

Wir setzen in Gleichung (3.3) die Beschleunigung a als Ableitung dv/dt der Geschwindigkeit nach der Zeit ein, drücken den Lorentzfaktor γ durch die Geschwindigkeit v aus und erkennen, dass Gleichung (3.3) eine Differentialgleichung für die Geschwindigkeit ist:

$$\frac{dv}{dt} = a' \cdot \left(\sqrt{1 - \frac{v^2}{c^2}}\right)^3.$$

Teilen wir beide Seiten durch die Lichtgeschwindigkeit, erhalten wir die Differentialgleichung:

$$\frac{d\beta}{dt} = \frac{a'}{c} \cdot \left(\sqrt{1-\beta^2}\right)^3. \tag{3.4}$$

Gleichung (3.4) ist eine Differentialgleichung erster Ordnung. In sie geht keine höhere als die erste Ableitung $d\beta/dt$ der gesuchten Funktion ein. Als ihre Lösungen suchen wir Funktionen β der Zeit t.

In der Form (3.4) ist die Differentialgleichung nicht einfach: Zwar kommt in ihr der Differentialquotient $d\beta/dt$ nur linear vor, was günstig ist, und die unabhängige Variable t kommt überhaupt nicht vor, was uns freut, aber die gesuchte Funktion β kommt quadratisch unter einer Wurzel vor, die in die dritte Potenz erhoben wird. Das ist unangenehm.

Doch wenn wir die Rollen der beiden Variablen t und β vertauschen, wird die Differentialgleichung wesentlich einfacher. Dabei benutzen wir den Satz, dass der Kehrwert des Differentialquotienten einer Funktion gleich dem Differentialquotienten der Umkehrfunktion ist, was in der Leibnizschen Schreibweise besonders gut zu merken ist:

$$\frac{1}{\frac{d\beta}{dt}} = \frac{dt}{d\beta}. \tag{3.5}$$

Im Folgenden betrachten wir die Gleichung zwischen den Kehrwerten der beiden Seiten von Gleichung (3.4):

$$\frac{dt}{d\beta} = \frac{c}{a'} \frac{1}{(1-\beta^2)^{\frac{3}{2}}}. \tag{3.6}$$

Diese Differentialgleichung lacht uns freundlicher an als Gleichung (3.4). In Gleichung (3.6) ist die Variable t, die vorher unabhängig war, abhängig geworden; und umgekehrt ist jetzt die Variable β unabhängig. Einen derartigen Wechsel von Unabhängigkeit zu

Abhängigkeit und umgekehrt soll es gelegentlich auch zwischen Menschen geben.

Die zuletzt erhaltene Differentialgleichung (3.6) ist linear, das heißt, die gesuchte Funktion und ihre erste Ableitung gehen nur linear in die Differentialgleichung ein. Dass die unabhängige Variable β nichtlinear in die Gleichung eingeht, ist nicht so schlimm. Eine lineare Differentialgleichung erster Ordnung ist angenehm. Wir wissen, dass sie zu jeder Anfangsbedingung genau eine Lösung hat. Unsere Differentialgleichung (3.6) ist besonders gut, weil die gesuchte Funktion t nicht selbst in die Differentialgleichung eingeht sondern nur ihre Ableitung. Deshalb unterscheiden sich ihre unendlich vielen Lösungen nur durch eine additive Konstante, die Integrationskonstante.

Wenn wir also eine spezielle Lösung der Differentialgleichung (3.6) gefunden haben, erhalten wir alle ihre Lösungen, indem wir zu der speziellen Lösung alle möglichen Konstanten addieren. Und wenn wir die Lösung zur Anfangsbedingung $\beta(0) = 0$ suchen, brauchen wir nur noch die zugehörige Konstante zu bestimmen.

3.3.2. Eine spezielle Lösung ohne Integralrechnung

Über Gleichung (3.6) suchen wir die Beschleunigungszeit t als Funktion der Endgeschwindigkeit β. Fällt Ihnen eine Lösung der Differentialgleichung ein? Wenn nicht, schlagen wir vor, Gleichung (3.6) mit den vertrauten Variablen x und y zu schreiben und zunächst der Übersicht halber die Konstante c/a' wegzulassen:

$$\frac{dy}{dx} = \frac{1}{(1-x^2)^{\frac{3}{2}}}.$$

Oder ist Ihnen die Newtonsche Form vertrauter?

$$f'(x) = \frac{1}{(1-x^2)^{\frac{3}{2}}}. \qquad (3.7)$$

Wir suchen also einen Funktionsterm derart, dass seine Ableitung gleich $(1-x^2)^{-\frac{3}{2}}$ ist. Wenn $f'(x) = (ax^2+bx+c)^{-\frac{3}{2}}$ und $4ac-b^2 \neq 0$, dann gilt $f(x) = (Px+Q)(ax^2+bx+c)^{-\frac{1}{2}}$, wobei die Zahlen P, Q eindeutig durch die Parameter a, b, c gegeben sind [vMK54, S. 70 und 42f.].

In unserem Spezialfall $a = -1$; $b = 0$; $c = 1$ ist die Bedingung $4ac - b^2 \neq 0$ erfüllt. Demnach gilt in unserem Fall:

$$f(x) = (Px+Q)(ax^2+bx+c)^{-\frac{1}{2}}.$$

Indem wir die Zahlen P, Q für unseren Spezialfall berechnen, verifizieren wir auch die obige Aussage speziell dafür:

$$f(x) = (Px+Q)(-x^2+1)^{-\frac{1}{2}} \tag{3.8}$$

Verifikation:

$$f'(x) = (Px+Q)'(-x^2+1)^{-\frac{1}{2}} + (Px+Q)\left[(-x^2+1)^{-\frac{1}{2}}\right]'$$
$$= P(-x^2+1)^{-\frac{1}{2}} + (Px+Q)\left(-\frac{1}{2}\right)(-x^2+1)^{-\frac{3}{2}}(-2x)$$
$$= \frac{P(1-x^2)}{(1-x^2)^{\frac{3}{2}}} + \frac{(Px+Q)x}{(1-x^2)^{\frac{3}{2}}}$$
$$= \frac{P+Qx}{(1-x^2)^{\frac{3}{2}}}.$$

Also ist der Ansatz (3.8) eine Lösung der Differentialgleichung (3.7), wenn $P = 1$ und $Q = 0$. So kennen wir eine Lösung der Differentialgleichung (3.7):

$$f(x) = x(-x^2+1)^{-\frac{1}{2}}.$$

Damit haben wir auch die Differentialgleichung gelöst, auf die es uns eigentlich ankam, nämlich Differentialgleichung (3.6):

$$t = \frac{c}{a'}\frac{\beta}{\sqrt{1-\beta^2}}. \tag{3.9}$$

Auch wenn es uns schwerfällt, halten wir uns zunächst mit der Auswertung des Ergebnisses zurück, um zunächst einen zweiten Lösungsweg zu rechnen:

3.3.3. Eine spezielle Lösung mit Integralrechnung

Wir trennen die Variablen in Gleichung (3.4),

$$\frac{d\beta}{\left(\sqrt{1-\beta^2}\right)^3} = \frac{a'}{c}dt,$$

und integrieren:

$$\int \frac{d\beta}{\left(\sqrt{1-\beta^2}\right)^3} = \frac{a'}{c}\int dt = \frac{a'}{c}t.$$

Wenn wir das Integral nachschlagen [GR81, S.120], sind wir mit diesem Integral schon fertig. Aber wir wollen das Integral selbst ausrechnen. Dazu substituieren wir $\beta =: \cos u$. Dann ist $d\beta = (-\sin u)du$, und das Integral verwandelt sich in

$$I = \int (1 - \cos^2 u)^{-\frac{3}{2}} \cdot (-\sin u)du = -\int \sin^{-2} u\, du.$$

Das letzte Integral ist ein Grundintegral, das Sie auch in Formelsammlungen für den Schulunterricht finden So finden wir

$$I = \cot u.$$

Bleibt nur noch ein Schritt zu gehen: das Ergebnis als Term mit der Variablen β zu schreiben. Bitte nehmen Sie sich die Zeit, diesen letzten Schritt selbst zu gehen. Brauchen Sie eine kleine Hilfe? Dann empfehlen wir Ihnen, im letzten Ausdruck den Kotangens von u durch den Kosinus von u auszudrücken. So finden Sie:

$$I = \frac{\cos u}{\sin u} = \frac{\cos u}{\sqrt{1-\cos^2 u}} = \frac{\beta}{\sqrt{1-\beta^2}}.$$

Die Integration über andere Substitutionen, wie $\beta^2 =: z$ mit der anschließenden Substitution $(1-z)/z =: u$, erfordert mehr Schreibarbeit und Tricks.

Die Lösung der Differentialgleichung (3.6), das gesuchte Zeit-Geschwindigkeits-Gesetz, lautet also:

$$t = \frac{c}{a'}\frac{\beta}{\sqrt{1-\beta^2}}, \tag{3.9}$$

wie schon auf dem Weg ohne Integration gefunden.

3.3.4. Die spezielle Lösung zur Anfangsbedingung $\beta(0) = 0$

Die allgemeine Lösung der Differentialgleichung (3.6) lautet also

$$t = \frac{c}{a'}\frac{\beta}{\sqrt{1-\beta^2}} + t_1,$$

wobei t_1 eine beliebige Zeit sein kann.

Die gesuchte spezielle Lösung erfüllt die Bedingung, dass zur Zeit $t = 0$ die Geschwindigkeit $\beta = 0$ gehört und umgekehrt. Setzen wir $t = 0$ und $\beta = 0$ in die allgemeine Lösung ein, erhalten wir $0 = t_1$.

Also haben wir mit unserer speziellen Lösung (3.9) zufällig die spezielle Lösung zur Anfangsbedingung $\beta(0) = 0$ für die Schiffsgeschwindigkeit als Funktion der Zeit getroffen, auch zur Anfangsbedingung $t(0) = 0$ für die Umkehrfunktion t, also für die Zeit als Funktion der Endgeschwindigkeit:

$$t = \frac{c}{a'}\frac{\beta}{\sqrt{1-\beta^2}}. \tag{3.9}$$

Diese Gleichung zwischen der Beschleunigungszeit t und der Schiffsgeschwindigkeit β wollen wir etwas übersichtlicher schreiben. Mit

der Abkürzung (2.6) erhalten wir:
$$t = \frac{1}{a'} \cdot \gamma \cdot v,$$
und:
$$\gamma v = a't.$$

Wir sehen: Im relativistischen Bereich wächst nicht die Geschwindigkeit v proportional zur Zeit t, sondern ihr Produkt mit dem Lorentzfaktor γ. Beide Faktoren, die Geschwindigkeit $v = c\beta$ und der Lorentzfaktor γ, wachsen mit der Zeit. Ihr Produkt wächst proportional zur Zeit. Der Lorentzfaktor bremst also das Anwachsen der Geschwindigkeit. Wie die Geschwindigkeit mit der Zeit anwächst, sehen wir in Abschnitt 3.3.6.

3.3.5. Der nichtrelativistische Grenzfall als Probe

Für kleine Geschwindigkeiten, genauer für $\beta \ll 1$, dürfen wir β^2 gegen 1 vernachlässigen, also den Lorentzfaktor γ gleich eins setzen. Nach Gleichung (3.3) müssen wir in dem Fall nicht zwischen der Beschleunigung a' im Schiffssystem und der Beschleunigung a im Erdsystem unterscheiden. Für kleine Geschwindigkeiten geht also die Beziehung (3.9) in die klassische Gleichung

$$t = \frac{v}{a}$$

über. Im alltäglichen Gebrauch kommt also die relativistische Berechnung nicht zum Tragen.

3.3.6. Die Geschwindigkeit als Funktion der Zeit

Wir multiplizieren beide Seiten von Gleichung (3.9) mit a'/c und quadrieren jeden Term der neuen Gleichung:

$$\frac{a'^2}{c^2}t^2 = \frac{\beta^2}{1-\beta^2},$$

dann lösen wir nach β auf:

$$\frac{a'^2}{c^2}t^2 - \beta^2 \frac{a'^2}{c^2}t^2 = \beta^2;$$

$$\frac{a'^2}{c^2}t^2 = \beta^2 \frac{a'^2}{c^2}t^2 + \beta^2;$$

$$\beta^2 = \frac{\frac{a'^2 t^2}{c^2}}{\frac{a'^2 t^2}{c^2} + 1}$$

$$\beta = \frac{\frac{a't}{c}}{\sqrt{\frac{a'^2 t^2}{c^2} + 1}}. \tag{3.10}$$

Wir erkennen an der vorletzten Gleichung, dass die Geschwindigkeit während der Beschleunigung streng monoton mit der Zeit anwächst. Bemerkenswert ist, dass ihr Wachstum mit der Zeit immer langsamer wird: die Geschwindigkeit strebt asymptotisch gegen die Lichtgeschwindigkeit (siehe Abbildung 3.1).

3.4. Zusammenhänge zwischen Weglänge und Zeit

Wir bestimmen die Länge des vom Schiff zurückgelegten Weges im Bezugssystem der Erde als Funktion der Erdzeit. Im einzelnen:

1. schreiben wir Gleichung (3.10) als eine Differentialgleichung für die Weglänge als Funktion der Zeit,

2. bestimmen die allgemeine Lösung dieser Differentialgleichung,

3. bestimmen die spezielle Lösung zur Bedingung, dass am Anfang der Beschleunigung das Sternenschiff noch keinen Weg zurückgelegt hat, kurz: zur Anfangsbedingung: $x(0) = 0$,

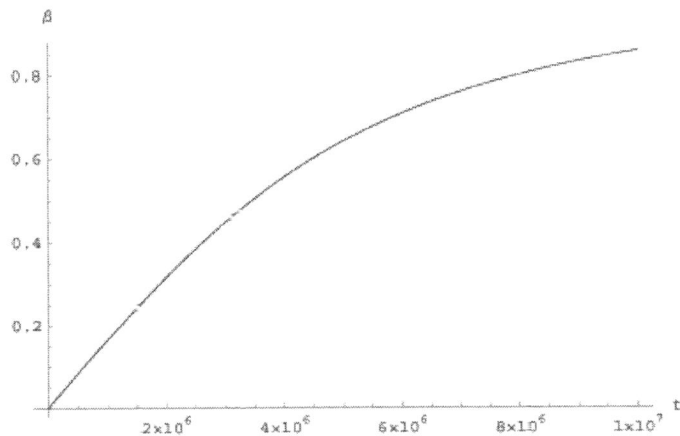

Abbildung 3.1. Die Geschwindigkeit in Abhängigkeit von der Zeit

4. prüfen, ob sich für nichtrelativistische Geschwindigkeiten die Formel $x = \frac{1}{2}at^2$ ergibt und

5. berechnen die Zeit, die bei der Beschleunigung auf einem Weg gegebener Länge vergeht.

Die augenblickliche Geschwindigkeit ist definiert als Ableitung der Weglänge x nach der Zeit t, kurz durch $v := \frac{dx}{dt}$.

3.4.1. Aufstellen einer Differentialgleichung für $x(t)$

Um Schreibarbeit zu sparen, aber vor allem damit die Gleichungen übersichtlicher werden, kürzen wir ab:

$$\alpha^2 := \frac{a'^2}{c^2}.$$

Wir multiplizieren beide Seiten von Gleichung (3.10) mit der Lichtgeschwindigkeit c und erhalten die gesuchte Differentialglei-

chung in Leibnizscher Form:
$$\frac{dx}{dt} = a'\frac{t}{\sqrt{\alpha^2 t^2 + 1}};$$
oder nach Newton:
$$\dot{f}(t) = a'\frac{t}{\sqrt{\alpha^2 t^2 + 1}}.$$

3.4.2. Die allgemeine Lösung ohne Integration

Fällt Ihnen gleich ein Funktionsterm $f(t)$ ein, dessen Ableitung $\dot{f}(t)$ so ähnlich aussieht wie der Term auf der rechten Seite dieser Gleichungen? Wenn nicht, probieren Sie es mit verschiedenen Ansätzen, bevor Sie weiterlesen.

Wir probieren es mit einer Potenz $(\alpha^2 t^2 + 1)^k$ des Radikanden, versehen mit einer multiplikativen und einer additiven Konstanten:
$$f(t) = A(\alpha^2 t^2 + 1)^k + B. \tag{3.11}$$

Durch das Differenzieren dieser Gleichung erhalten wir:
$$\dot{f}(t) = Ak(\alpha^2 t^2 + 1)^{k-1}\alpha^2 2t.$$

Der Ansatz (3.11) ist eine Lösung der Differentialgleichung, wenn wir die Parameter k und A so wählen, dass
$$k - 1 = -\frac{1}{2}$$
und
$$2Ak\alpha^2 = a'.$$

Der Ansatz (3.11) löst also die Differentialgleichung, wenn
$$k = \frac{1}{2}$$

und
$$A = \frac{1}{\alpha^2}a' = \frac{c^2}{a'^2}a' = \frac{c^2}{a'}.$$

Die additive Konstante B unseres Ansatzes (3.11) ist noch frei wählbar. Nach dem Abschnitt 3.3 ist unser Ansatz (3.11) die allgemeine Lösung für den gesuchten Funktionsterm der Bewegung:

$$x = \frac{c^2}{a'}\sqrt{\frac{a'^2 t^2}{c^2} + 1} + B. \qquad (3.12)$$

3.4.3. Die allgemeine Lösung mit Integration

Die allgemeine Lösung der Differentialgleichung ist also das unbestimmte Integral

$$x = a' \int \frac{t}{\sqrt{\alpha^2 t^2 + 1}} dt =: a'I.$$

Wir bemerken, dass im Zähler die Ableitung des Radikanden bis auf einen konstanten Faktor steht. Das nutzen wir aus und substituieren $\alpha^2 t^2 + 1 =: u$. Nach $du/dt = 2\alpha^2 t$, also $dt = \frac{1}{2\alpha^2 t} du$ erhalten wir:

$$I = \int \frac{t}{2\alpha^2 t \sqrt{u}} du = \frac{1}{2\alpha^2} \int u^{-\frac{1}{2}} du = \frac{1}{2\alpha^2} 2 u^{\frac{1}{2}} + C.$$

Also
$$x = a' \frac{1}{\alpha^2} u^{\frac{1}{2}} + B.$$

Nach Einsetzen der Abkürzung für α^2 und der Substitution u:

$$x = \frac{c^2}{a'}\sqrt{\frac{a'^2 t^2}{c^2} + 1} + B. \qquad (3.12)$$

3.4.4. Die Lösung zur Anfangsbedingung $x(0) = 0$

Die Integrationskonstante B bestimmen wir aus der Bedingung, dass die am Anfang der Bewegung, also zur Zeit $t = 0$ zurückgelegte Weglänge gleich 0 ist. Wir setzen $t = 0$ und $x = 0$ in Gleichung (3.12) ein und erhalten

$$0 = \frac{c^2}{a'} + B,$$

also

$$B = \frac{-c^2}{a'}.$$

Diesen Wert setzen wir in Gleichung (3.12) ein und bekommen so:

$$x = \frac{c^2}{a'}\left(\sqrt{\frac{a'^2 t^2}{c^2} + 1} - 1\right). \qquad (3.13)$$

3.4.5. Der nichtrelativistische Grenzfall

Für nichtrelativistische Geschwindigkeiten gilt in linearer Näherung von β: $a' = a$, siehe Gleichung (3.4), also gilt nach Gleichung (3.9) in linearer Näherung von β: $at = v$.

Folglich gilt: $a'^2 t^2/c^2 \approx v^2/c^2 \ll 1$. Wir können demnach die Wurzel in Gleichung (3.13) als binomische Reihe nach Potenzen von $a'^2 t^2/c^2$ entwickeln. Daher gilt mit einem Fehler vierter Ordnung in $a't/c \approx v/c$:

$$x = \frac{c^2}{a'}\left(\left(1 + \frac{a'^2 t^2}{c^2}\right)^{\frac{1}{2}} - 1\right) \qquad (3.14)$$

$$\approx \frac{c^2}{a'}\left(\left(1 + \frac{a'^2 t^2}{2c^2}\right) - 1\right) \qquad (3.15)$$

$$= \frac{c^2}{a'}\frac{a'^2 t^2}{2c^2} \approx \frac{at^2}{2}. \qquad (3.16)$$

Daraus folgt für nichtrelativistische Geschwindigkeiten die klassische Gleichung $x = \frac{1}{2}at^2$.

3.4.6. Die Beschleunigungszeit zu gegebener Weglänge

Gelegentlich wollen wir wissen, wie lange ein gleichförmig beschleunigtes Sternenschiff zu einem Ziel in bekannter Entfernung unterwegs ist. Dazu brauchen wir nur Gleichung (3.13) umzukehren. Wir multiplizieren beide Seiten mit a'/c^2, addieren danach auf beiden Seiten eine Eins,

$$\sqrt{\frac{a'^2 t^2}{c^2} + 1} = \frac{a'x}{c^2} + 1,$$

und lösen nach der Zeit auf:

$$\frac{a'^2 t^2}{c^2} + 1 = \left(\frac{a'x}{c^2} + 1\right)^2;$$

$$t = \frac{c}{a'}\sqrt{\left(\frac{a'x}{c^2} + 1\right)^2 - 1}. \qquad (3.17)$$

Somit können wir nun die Erdzeit, die ein Raumschiff beispielsweise für eine Reise zur Wega und zurück braucht, errechnen. Die Gleichung, mit der wir errechnen können, wieviel Zeit während des Fluges für die Raumschiffsbesatzung vergeht, ermitteln wir in Abschnitt 3.5.

3.5. Uhrenvergleich

Wir wissen jetzt, wie sich ein gleichförmig beschleunigtes Sternenschiff im Bezugssystem der Erde bewegt. Die Gleichung (3.10) für die Geschwindigkeit des Sternenschiffs als Funktion der Zeit und die Gleichung (3.13) für die von ihm zurückgelegte Weglänge als

Funktion der Zeit sind nur etwas komplizierter als die entsprechenden Gleichungen des freien Falls für kleine Geschwindigkeiten.

Nach dem zuletzt hergeleiteten speziell-relativistischen Zeit-Weglängen-Gesetz (3.13) können wir schon ausrechnen, wie lange die Rundreise eines beschleunigten Sternenschiffes dauern könnte, gemessen mit irdischen Uhren. Ein Beispiel dazu wollen wir Ihnen später noch anbieten.

Denn vorher sollten wir noch eine allgemeine Beziehung herleiten, die interessanteste Beziehung der Kinematik beschleunigter Sternenschiffe überhaupt. Wir meinen den Zusammenhang zwischen der Zeit t', die an Bord eines ständig gleichförmig beschleunigten Sternenschiffs vergangen ist, wenn es von großer interstellarer Fahrt zur Erde zurückgekommen ist, und der Zeit t, die während dieser Reise auf der Erde vergangen ist.

Soviel vermuten wir schon nach unseren Rechnungen zur Zeitdilatation: Die Bordkalender werden eine kürzere Zeit anzeigen als die Kalender auf der Erde. Aber die Zeitdilatation berücksichtigt keine Beschleunigungen. Um wieviel die Bordzeit der Rundreise kürzer ist als die Erdzeit derselben Rundreise, das können wir nur dann genau sagen, wenn wir die Beschleunigungen berücksichtigen.

Wir suchen also eine Gleichung zwischen der Zeit t', die an Bord eines gleichförmig beschleunigten Sternenschiffs vergeht, und der Zeit t, die auf der Erde vergeht: Wir suchen das Zeit-Zeit-Gesetz für gleichförmig beschleunigte Sternenschiffe, nach dem wir den Gang der Uhren an Bord eines gleichförmig beschleunigten Sternenschiffs allgemein berechnen können, verglichen mit dem Gang der Uhren auf der Erde. Wir gehen dabei folgendermaßen vor:

1. Wir leiten über die Zeitdilatation eine Differentialgleichung zwischen der Bordzeit t' und der Erdzeit t her.

2. Wir bestimmen die allgemeine Lösung dieser Differential-

gleichung.

3. Wir bestimmen die spezielle Lösung zur Anfangsbedingung des Sternenschiffs.

Bevor wir jedoch damit beginnen, stellen wir zunächst einmal die Formeln zusammen, über die wir eine Gleichung zwischen der Bordzeit t' und der Erdzeit t herleiten können:

Für ein infinitesimal kurzes Zeitintervall dt und das zugehörige, natürlich auch infinitesimal kurze Zeitintervall dt' kennen wir schon die gesuchte Gleichung. Denn für eine infinitesimal kurze Zeit dürfen wir das Ruhsystem des Schiffs als Inertialsystem voraussetzen, und die infinitesimal kleinen Zeitkoordinaten dt' und dt hängen über die Lorentz-Transformation zusammen:

$$cdt' = \gamma(-\beta dx + cdt).$$

Dabei bedeutet dx den Zuwachs der Ortskoordinate der Borduhr in der Zeit dt im Bezugssystem der Erde: $dx = \beta cdt$.

Das setzen wir in die Lorentz-Transformation (2.4) ein und erhalten als Gleichung zwischen den Differentialen dt' und dt:

$$cdt' = \gamma(-\beta^2 cdt + cdt) = \gamma(-\beta^2 + 1)cdt = \gamma\gamma^{-2}cdt = \gamma^{-1}cdt.$$

Damit haben wir noch einmal die berühmte Formel zur Zeitdilatation hergeleitet:

$$dt' = \gamma^{-1}dt, \qquad (2.8)$$

die Einstein schon 1905 in seiner ersten Arbeit zur Speziellen Relativitätstheorie bewies.

Aber diese Formel allein erlaubt uns noch keinen Uhrenvergleich: für jedes infinitesimal kurze Zeitintervall gilt sie mit einem anderen Lorentz-Faktor γ zu einer anderen Schiffsgeschwindigkeit

β. Zum Glück wissen wir schon, wie die Schiffsgeschwindigkeit β von der Zeit abhängt:

$$\beta = \frac{\frac{a't}{c}}{\sqrt{\frac{a'^2 t^2}{c^2} + 1}}. \tag{3.10}$$

3.5.1. Herleitung einer Differentialgleichung

In Gleichung (2.8) setzen wir den Lorentz-Faktor γ ein,

$$dt' = \sqrt{1 - \beta^2}\, dt,$$

und in die erhaltene Gleichung setzen wir β nach Gleichung (3.10) ein, wobei wir abkürzen $\alpha := a'/c$. Wegen

$$1 - \beta^2 = 1 - \frac{\alpha^2 t^2}{\alpha^2 t^2 + 1} = \frac{\alpha^2 t^2 + 1 - \alpha^2 t^2}{\alpha^2 t^2 + 1} = \frac{1}{\alpha^2 t^2 + 1}$$

erhalten wir

$$dt' = \frac{1}{\sqrt{\alpha^2 t^2 + 1}}\, dt;$$

also

$$\frac{dt'}{dt} = \frac{1}{\sqrt{\alpha^2 t^2 + 1}}. \tag{3.18}$$

3.5.2. Die allgemeine Lösung der Differentialgleichung (3.18)

Hier trennen sich wieder vorübergehend die Wege: Ein kürzerer Weg, der zweite, bringt Sie ans Ziel, wenn Sie integrieren können. Wenn Sie noch nicht integrieren, aber schon differenzieren können, steht Ihnen der erste Weg offen.

Erster Weg ohne Integralrechnung

Fällt Ihnen ein Term ein, dessen Ableitung gleich $(\alpha^2 t^2 + 1)^{-1/2}$ ist? Nein? Dann wollen wir die Gleichung erst einmal vereinfachen. Dazu schreiben wir sie zuerst für den Differentialquotienten $\frac{d(\alpha t')}{d(\alpha t)}$ hin:

$$\frac{d(\alpha t')}{d(\alpha t)} = \frac{1}{\sqrt{\alpha^2 t^2 + 1}}.$$

Dann benennen wir vorübergehend die Variablen um: $x := \alpha t$ und $y := \alpha t'$. In dieser Rechnung ist die Gefahr gering, dass wir die neue Variable x mit der Ortskoordinate verwechseln, denn hier vergleichen wir ja nur Zeitkoordinaten. Wir suchen also einen Funktionsterm $f(x)$, dessen Ableitung wir kennen:

$$\frac{dy}{dx} = \frac{1}{\sqrt{x^2 + 1}}.$$

Oder nach Newton:

$$f'(x) = \frac{1}{\sqrt{x^2 + 1}}. \tag{3.19}$$

Diese Differentialgleichung ähnelt der Gleichung des letzten Abschnitts 3.4 mit der Form

$$f'(x) = \frac{x}{\sqrt{x^2 + 1}}.$$

aber ganz so einfach ist sie nicht zu lösen. Den dortigen Ansatz wollen wir Ihnen hier nicht empfehlen, er ist keine Lösung der Gleichung (3.19). Wenn Sie uns das nicht glauben, versuchen Sie doch, ihn zu verifizieren. Wir empfehlen Ihnen stattdessen als ersten Ansatz die Umkehrfunktion des Sinus hyperbolicus, den Areasinus hyperbolicus.

Es trifft sich gut, wenn Sie sich schon in Abschnitt 3.3 mit Umkehrfunktionen vertraut gemacht haben. Hier wie dort wenden wir die Regel für die Ableitung einer Umkehrfunktion an, siehe Gleichung (3.5).

Wir wählen als ersten Ansatz:

$$y = \operatorname{arsinh} x.$$

Dies werden wir nun im folgenden verifizieren:

$$y = \operatorname{arsinh} x \Leftrightarrow x = \sinh y,$$

also

$$\frac{dy}{dx} = \frac{1}{\frac{dx}{dy}} = \frac{1}{\frac{d}{dy}\sinh y} = \frac{1}{\cosh y} = \frac{1}{\sqrt{\sinh^2 y + 1}};$$

also

$$f'(x) = \frac{dy}{dx} = \frac{1}{\sqrt{x^2 + 1}}.$$

Die Verifikation ist gelungen, demnach ist der Ansatz eine Lösung der Differentialgleichung (3.19), eine spezielle Lösung. Damit kennen wir auch die allgemeine Lösung der Differentialgleichung (3.19):

$$f(x) = \operatorname{arsinh} x + C, \qquad (3.20)$$

wobei C irgendeine dimensionslose Konstante bedeutet. Weil $x := \alpha t$ und $y := \alpha t'$, kennen wir damit auch die allgemeine Lösung der Differentialgleichung (3.18):

$$\alpha t' = \operatorname{arsinh}(\alpha t) + C,$$

oder ausführlich

$$\frac{a'}{c} t' = \operatorname{arsinh}\left(\frac{a'}{c} t\right) + C. \qquad (3.21)$$

Dass es gut ist, den Sinus hyperbolicus zu kennen, bemerken wir schon daran, dass wir über seine Umkehrung die Lösung (3.20) der Differentialgleichung (3.19) in schöner Kürze hinschreiben konnten. Aber weil diese Funktion nicht so gut bekannt ist wie die Kreisfunktionen oder die Exponentialfunktion und die Umkehrungen dieser Funktionen, wollen wir Ihnen einen zweiten Ansatz zur Lösung der Differentialgleichung (3.19) vorschlagen:

$$f(x) = \ln\left(x + \sqrt{x^2+1}\right).$$

Verifikation:

$$f'(x) = \frac{1}{x+\sqrt{x^2+1}} \cdot \left(1 + \frac{2x}{2\sqrt{x^2+1}}\right)$$
$$= \frac{1}{x+\sqrt{x^2+1}} \frac{\sqrt{x^2+1}+x}{\sqrt{x^2+1}} = \frac{1}{\sqrt{x^2+1}}.$$

Auch diese Verifikation ist gelungen, mithin ist auch der zweite Ansatz eine Lösung der Differentialgleichung (3.19). Damit kennen wir außer Gleichung (3.20) noch eine Form der allgemeinen Lösung von Gleichung (3.19):

$$f(x) = \ln\left(x + \sqrt{x^2+1}\right) + K \qquad (3.22)$$

worin K für eine beliebige dimensionslose Konstante steht. So kennen wir auch noch eine Form der allgemeinen Lösung der Differentialgleichung (3.18):

$$\alpha t' = \ln\left(\alpha t + \sqrt{\alpha^2 t'^2 + 1}\right) + K,$$

oder ausführlich:

$$\frac{a'}{c}t' = \ln\left(\frac{a'}{c}t + \sqrt{\frac{a'^2}{c^2}t^2 + 1}\right) + K. \qquad (3.23)$$

Natürlich wollen Sie jetzt wissen, wie die beiden Lösungen (3.20) und (3.21) zusammenhängen. Wir schlagen vor, darüber nachzudenken, wenn Sie mit dem Abschnitt 3.5.4 fertig sind, weil Sie dann wissen, wie die beiden Integrationskonstanten C und K zusammenhängen.

3.5.3. Zweiter Weg mit Integralrechnung

Wir integrieren beide Seiten der Differentialgleichung (3.19) und erhalten formal die allgemeine Lösung

$$f(x) = \int \frac{dx}{\sqrt{x^2+1}} =: I.$$

Was uns hier am stärksten stört ist, dass wir die Wurzel nicht ziehen können. Da $\sinh^2 x + 1 = \cosh^2 x$, können wir die Wurzel aus $\sinh^2 x + 1$ ziehen, also probieren wir es mit der Substitution $x =: \sinh u$. Dazu gehört $dx/du = \cosh u$, also $dx = \cosh u\, du$. So verwandelt sich das Integral in

$$I = \int \frac{\cosh u\, du}{\cosh u} = \int du = u + C,$$

also
$$f(x) = \operatorname{arsinh} x + C$$

und

$$\frac{a'}{c}t' = \operatorname{arsinh}\frac{a'}{c}t + C. \qquad (3.21)$$

Die Substitution war optimal.

3.5.4. Die Lösung zur Anfangsbedingung $t = 0 = t'$

Wir haben unsere Koordinatensysteme so gelegt, dass die Zeit- und Ortsnullpunkte zusammenfallen. Wenn wir $t = 0$ und $t' = 0$ in die Gleichung (3.21) einsetzen, erhalten wir $C = 0$.

Wie sieht es bei unserem zweiten Ansatz (3.23) aus? Auch hier setzen wir t und t' gleich Null.

$$0 = \ln\left(0 + \sqrt{0+1}\right) + K$$
$$0 = \ln 1 + K$$
$$K = 0$$

Wir erhalten also für unseren Spezialfall sowohl $C = 0$ als auch $K = 0$. Da also $K = C$, ist $\operatorname{arsinh} x = \ln(x + \sqrt{1+x^2})$.

3.5.5. Schiffszeit in Abhängigkeit vom Weg

Für die Berechnung der Schiffszeit in Abhängigkeit vom Weg müssen wir wissen, wie viel Zeit auf der Erde und wie viel Zeit an Bord eines Raumschiffes während der Reise vergeht. Wie viel Zeit das gleichmäßig beschleunigte Raumschiff im Inertialsystem der Erde braucht, wenn es die Strecke x zurücklegt, haben wir bereits hergeleitet (3.17). Doch wie viel Zeit vergeht im Raumschiff, wenn es gleichmäßig beschleunigt eine Strecke zurücklegt, die, von der Erde aus betrachtet, die Länge x hat? Dazu setzen wir (3.17) einfach in die Gleichung (3.21) ein. In unserem Spezialfall $C = 0$ erhalten wir

$$t' = \frac{c}{a'} \operatorname{arsinh} \sqrt{\left(\frac{a'x}{c^2} + 1\right)^2 - 1} \tag{3.24}$$

3.6. Ein Zahlenbeispiel zur beschleunigten Bewegung

3.6.1. Voraussetzungen

Wir haben nun die beiden Formeln hergeleitet, die wir für unser Ziel brauchen. Hier noch einmal beide auf einen Blick:

- Zeit in Abhängigkeit vom Weg:

$$t = \frac{c}{a'}\sqrt{\left(\frac{a'x}{c^2}+1\right)^2 - 1}; \qquad (3.17)$$

- Schiffszeit in Abhängigkeit vom Weg:

$$t' = \frac{c}{a'}\operatorname{arsinh}\sqrt{\left(\frac{a'x}{c^2}+1\right)^2 - 1}. \qquad (3.24)$$

3.6.2. Die Reise zur Wega

Nehmen wir einmal an, ein Zwilling reist zur Wega, während der andere auf der Erde bleibt. Die Wega ist einer der hellsten Sterne unseres Nachthimmels und liegt im Sternbild Leier. Für die weiteren Rechnungen müssen wir die Entfernung zwischen Erde und Wega kennen: Sie beträgt $(25,1 \pm 0,15)$ Lichtjahre [Rot96]. Um der Besatzung ein möglichst erdnahes Gefühl zu vermitteln, beschleunigen wir das Raumschiff mit $a' = 9,81\frac{m}{s^2}$, so dass im Innern während der ganzen Phase Erdbeschleunigung herrscht. Nach der Hälfte des Weges wird es einmal kurz ungemütlich. Das Raumschiff dreht sich jetzt um 180°. Dann bremst es mit der gleichen Beschleunigung. Bei der Wega werden dann die Forschungen durchgeführt, mit den Bewohnern der Planeten wird Kontakt aufgenommen und der Rückweg auf die gleiche Weise angetreten.
Die vier Flugphasen „Beschleunigung Hinflug", „Bremsung Hinflug", „Beschleunigung Rückflug" und „Bremsung Rückflug" verlaufen analog. Daher betrachten wir nur eine Phase und vervier-

fachen jeweils das Ergebnis:
$$x = \frac{25,1}{2} \text{ Lichtjahre}$$
$$= \frac{25,1}{2} \cdot c \cdot 3,16 \cdot 10^7 \text{s}$$
$$= 1,19 \cdot 10^{17} \text{m};$$
$$a' = 9,81 \frac{\text{m}}{\text{s}^2};$$
$$c = 3 \cdot 10^8 \frac{\text{m}}{\text{s}}.$$

Wir setzen diese Werte in unsere Gleichung ein:
$$t = \frac{3 \cdot 10^8 \text{m} \cdot \text{s}^{-1}}{9,81 \text{m} \cdot \text{s}^{-2}} \sqrt{\left(\frac{9,81 \text{m} \cdot \text{s}^{-2} \cdot 1,19 \cdot 10^{17} \text{m}}{9 \cdot 10^{16} \text{m}^2 \cdot \text{s}^{-2}} + 1\right)^2 - 1}$$
$$= 4,26 \cdot 10^8 \text{s}$$
$$= 13,5 \text{ Jahre}.$$

Wie bereits erwähnt ist unsere Reise jedoch vier mal so lang, sofern wir den Aufenthalt auf der Wega außer acht lassen. Wir vernachlässigen also die Kontaktaufnahme und die Forschungsarbeiten. Entsprechend erlebt unser Zwilling auf der Erde die Rückkehr nach 54 Jahren, also im hohen Alter. Doch um wieviel ist die Crew des Raumschiffes gealtert?

$$t' = \frac{3 \cdot 10^8 \text{m} \cdot \text{s}^{-1}}{9,81 \text{m} \cdot \text{s}^{-2}} \operatorname{arsinh} \sqrt{\left(\frac{9,81 \text{m} \cdot \text{s}^{-2} \cdot 1,19 \cdot 10^{17} \text{m}}{9 \cdot 10^{16} \text{m}^2 \cdot \text{s}^{-2}} + 1\right)^2 - 1}$$
$$= 1,02 \cdot 10^8 \text{s}$$
$$= 3,2 \text{ Jahre}.$$

Hier sieht man es wieder: Reisen hält jung! Auch wenn der Zwilling auf der Erde alt geworden ist, der Zwilling im Raumschiff trifft aus seiner Sicht schon nach knapp 13 Jahren wieder ein.

3.6.3. Die Lösung des Zwillingsparadoxons

In Abschnitt 3.6.2 haben wir errechnet, dass das Raumschiffpersonal und mit ihm unser Zwilling im Bezugssystem „Schiff" nach ihrer Rückkehr wesentlich jünger sind als die im Bezugssystem „Erde" zurückgebliebenen Freunde und unser Erdzwilling.

Nun stellt sich uns die Frage, warum der Schiffszwilling jünger ist und offensichtlich doch kein Paradoxon entsteht. Unser Erdzwilling befindet sich immer in ein und dem selben Bezugssystem. Er wird weder beschleunigt noch abgebremst.

Unser Schiffszwilling hingegen wird zunächst beschleunigt, bis er die gewünschte Geschwindigkeit erreicht hat, und wird abgebremst, wenn er die Wega erreicht hat. Dort dreht er dann um, beschleunigt erneut und fliegt zurück, um kurz vor der Erde erneut abzubremsen. Während dieser Phasen der Beschleunigung und Abbremsung wechselt das Schiff ständig sein Inertialsystem, es ist streng genommen kein Inertialsystem mehr.

So kommt es, dass unser Schiffszwilling in dem bewegten System ist und sich somit als derjenige, dessen Zeit langsamer vergeht, erweist. Das Zwillingsparadoxon ist somit kein Paradoxon.

Man könnte nun einwenden, das Paradoxon ließe sich auch in zwei Inertialsystemen formulieren. Stellen wir uns vor, zwei Raumschiffe fliegen mit konstanter Geschwindigkeit in entgegengesetzte Richtungen. Hier sind wirklich beide Raumschiffe in Inertialsystemen, es gibt keine Beschleunigungsphasen mehr. Also doch ein Paradoxon? Aber so lässt sich das Zwillingsparadoxon nicht formulieren, denn in diesm Fall begegnen sich die Raumschiffe nur ein einziges mal und die Raumfahrer haben keine Vergleichsdaten. Um diese zu gewinnen, müsste ein Raumschiff wieder umdrehen und dabei sein Inertialsystem verlassen.

Für den beschleunigten Beobachter vergeht immer weniger Zeit während einer Reise als für einen Ruhenden.

4. Eine Zeitmaschine aus zwei Wurmlöchern

> „In der Wissenschaft gleichen wir alle nur den Kindern, die am Rande des Wissens hie und da einen Kiesel aufheben, während sich der weite Ozean des Unbekannten vor unseren Augen erstreckt."
> – Isaak Newton –

Physikalische Themen: Anwendung der Speziellen Relativitätstheorie auf ein System von zwei Wurmlöchern

4.1. Das Vissersche Wurmloch

Im Mai 1988 veröffentlichten Michael Morris und Kip Thorne eine Arbeit [MT88], in der sie zeigten, dass es durchschiffbare Wurmlöcher theoretisch geben kann – im Gegensatz zu den Einstein-Rosen-Brücken, den Wurmlöchern von Schwarzen Löchern. Für alle Nicht-Science-Fiction-Fans: Ein Wurmloch ist eine Art Abkürzung in der Raumzeit, durch die der Abstand zwischen zwei Orten verkürzt wird. Später fand Matt Visser noch eine energetisch günstigere Art von Wurmlöchern ohne inneren Abstand, das heißt eine Verbindung in Nullzeit zwischen zwei Raumpunkten. Es zeigte sich, dass unter Verwendung zweier Visserscher Wurmlöcher bereits nach der Speziellen Relativitätstheorie Zeitreisen in die Vergangenheit möglich sind. Die Rechnungen dazu werden wir im Folgenden durchführen.

4.2. Nullte Näherung: Zeitreise mit unmöglich hohen Beschleunigungen

Wir betrachten erneut eine Reise zur Wega und zurück, doch diesmal mittels zweier Visserscher Wurmlöcher. Wie bereits in

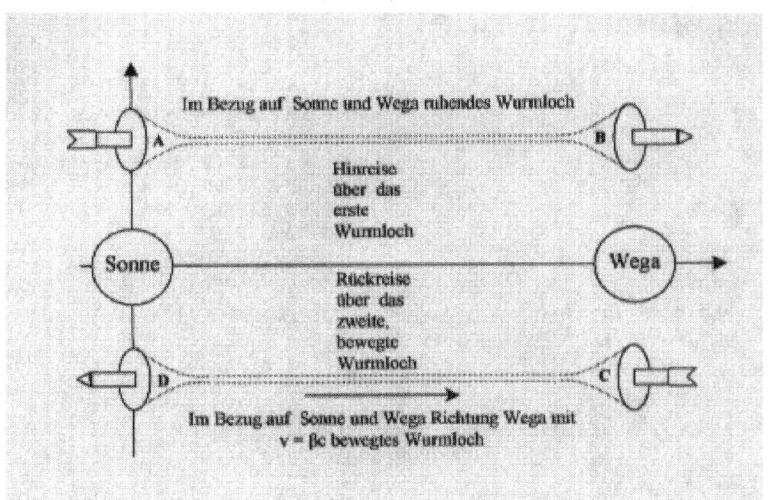

Abbildung 4.1.: Aufbau der Zeitmaschine

Abschnitt 3.6 genannt beträgt die Distanz Sonne-Wega 25, 1Lj.

Das erste Wurmloch durch den Hyperraum ist von dem Normalraum durch Kugelflächen A und B abgegrenzt. Sonne, Wega, A und B sind hier zueinander in Ruhe.

Das zweite Wurmloch durch den Hyperraum mit den Grenzflächen C und D zum Normalraum hat folgende Eigenschaften: C und D sind zueinander in Ruhe, ihr Inertialsystem bewegt sich jedoch mit $v = \beta c$ gegen das Inertialsystem von Sonne, Wega, A und B.

Unser Raumschiff ändert seine Bewegung: $A \to B \to C \to D$.
Die Hinreise erfolgt über das erstes Wurmloch: Das Startereignis
bei A erfolgt bei $\binom{x_0}{t_0} = \binom{0}{AD2032}$, das Ankunftsereignis bei B an
der Wega erfolgt bei $\binom{x_1}{t_1} = \binom{25,1Lj}{AD2032}$.
Die Rückreise erfolgt über das zweites Wurmloch: Das Abflugereignis bei C an der Wega erfolgt bei $\binom{x_2}{t_2} = \binom{25,1Lj}{AD2033}$, das
Rückkehrereignis bei D in unser Sonnensystem erfolgt bei $\binom{x_3}{t_3} =$
$\binom{0}{AD2018}$. Die beschriebene Folge von Ereignissen sehen Sie in
Abbildung 4.1.

Eintritt und Austritt bei C und D sehen wir in der Graphik
mit den Augen eines mitbewegten Beobachters - ein nicht mitbewegter Beobachter sieht die Ereignisse nicht gleichzeitig. Die
Zeitreise läuft also folgendermaßen ab:

1. Die Entfernung von $(25, 1 \pm 0, 15)$Lj [Rot96] wird durch das
   erste Wurmloch überwunden. Weil die innere Länge des
   Wurmlochs exakt gleich Null ist, ist zur selben Zeit $t_0 = 0$
   das Heck noch hinter A und der Bug schon vor B.

2. Da die Bewohner der Wega uns schon von unserer früheren
   Mission her kennen und mögen, zeigen sie uns das Wurmlochverbindungssystem in der Galaxis. Wir bleiben ein Jahr
   auf der Wega.

3. Das zweite Wurmloch macht eine Zeitreise möglich: Seine
   Schnittflächen C und D zum Normalraum bewegen sich mit
   $v = 0,6c$ von der Sonne in Richung Wega. Eine mit dem
   zweiten Wurmloch mitfliegende Uhr zeigt folgendes an: Ein
   Schiff bei C „springt" zur Zeit t'_2 auf das fahrende Wurmloch auf und „springt" zur selben Zeit bei D von dem fahrenden Wurmloch ab, eben weil die innere Länge auch dieses
   Wurmloches gleich Null ist. Aber Uhren, die in Bezug auf
   die Sonne ruhen, zeigen für die Ereignisse „Aufspringen bei

C" und „Abspringen bei D" verschiedene Zeiten an, weil die Gleichzeitigkeit relativ ist.

4.2.1. Berechnung der Zeitschleife

Im Ruhsystem des zweiten Wurmloches geschieht das Aufspringen bei C zeitgleich mit dem Abspringen bei D, also gilt:

$$\Delta ct' = 0.$$

Wir suchen jetzt den Zeitabstand Δct im Ruhesystem der Sonne. Zur Berechnung ziehen wir die Lorentz-Transformation der Zeitkoordinaten (2.4d) heran. Einsetzen von $\Delta ct' = 0$ in die Lorentz-Transformation ergibt:

$$\Delta ct = \beta \Delta x.$$

Der Zeitunterschied ist also proportional zur überbrückten Entfernung. Je nach dem Vorzeichen von β ist die Zeitdifferenz positiv oder negativ.

Versuchen wir uns an einem konkreten Beispiel:

$$\beta = 0,6; \tag{4.1}$$

$$\Delta x := x_{\text{Ankunft bei Sol}} - x_{\text{Abflug von Wega}} = -25,1 \text{Lj} \tag{4.2}$$

Die Bewegung führt von der Wega zur Sonne und entsprechend gilt:

$$\Delta ct := ct_{\text{Ankunft}} - ct_{\text{Abflug}} = -0,6 \cdot 25,1 \text{Lj} = -15,06 \text{Lj};$$

$$t_{\text{Ankunft}} = t_{\text{Abflug}} - 15,06\text{a}.$$

Wenn wir uns ein Jahr im Wegasystem aufhalten, kommen wir gut 14 Jahre vor Beginn unserer Hinreise zur Wega von der Wega zurück. Es wäre eine Reise in die Vergangenheit.

4.3. Erste Näherung: Abschätzung der Beschleunigungs- und Bremszeiten im Rahmen der Newtonschen Physik

Wir können die Zeitreise in vier Abschnitte einteilen:

1. Der Hinflug aus dem Sonnensystem in das Wegasystem $(x_0; ct_0) = (0; 0) \to (x_1; ct_1)$ über das erste, Vissersche Wurmloch, dessen innere Länge gleich Null ist, das relativ zu Sonne und Wega ruht:
$$t_1 = 0\,;\ x_1 = 25,1 Lj$$

2. Beschleunigung auf die Geschwindigkeit eines zweiten Wurmlochs, das in x-Richtung mit $0,6c$ an Sonne und Wega vorbeifliegt:
$$(x_1; ct_1) = (25,1 Lj; 0) \to (x_2; ct_2)$$

Gegeben sind dabei $v(0) = 0$, $v(t_2) = 0,6c$ und $a = 5\frac{m}{s^2}$. Gesucht ist t_2. Zur Lösung ziehen wir die Grundgleichungen des freien Falls heran: $v = at$ und $x = \frac{1}{2}at^2 = \frac{1}{2}vt$.

$$t_2 = \frac{v}{a} = \frac{0,6 \cdot 3 \cdot 10^8 \text{ms}^{-1}}{5 \text{ms}^{-2}};$$

$$t_2 = 3,6 \cdot 10^7 \text{s} = 1,14\text{a}. \tag{4.3}$$

$$x_2 - x_1 = \frac{1}{2} \cdot 1,8 \cdot 10^8 \frac{m}{s} \cdot 3,6 \cdot 10^7 \text{s} = 3,24 \cdot 10^{15} \text{m} = 0,342 Lj.$$

Um also die Geschwindigkeit des zweiten Wurmloches zu erreichen, müssen wir unser Schiff $1,14$ Jahre mit $5\frac{m}{s^2}$ beschleunigen. Dabei legen wir $0,342 Lj$ zurück.

3. Rückflug aus dem Wegasystem ins Sonnensystem erfolgt über das zweite Vissersche Wurmloch, dessen innere Länge ebenfalls gleich Null ist, das sich, wie gesagt, gegen Sonne und Wega

bewegt:
$$(x_2; ct_2) = (25,442\text{Lj}; 1,140\text{Lj}) \to (\text{x}_3; \text{ct}_3).$$

Den Ort x_3 des Wurmlochausgangs nahe dem Sonnensystem wählen wir so weit links vom Zentrum des Sonnensystems, dass unser Raumschiff, das dort mit $0,6c$ in den Normalraum heraustritt, nach Bremsung mit $a = 5\frac{\text{m}}{\text{s}^2}$ im Sonnensystem zur Ruhe kommt:

$$x_3 = -(x_2 - x_1) = -0,342\text{Lj}.$$

Im Bezugssystem des zweiten Wurmloches sind Einflug und Herausflug gleichzeitig, weil auch dieses Wurmloch keine innere Länge hat, daher gilt:

$$t'_3 = t'_2.$$

Das bedeutet aber nicht, dass diese Ereignisse in Bezug auf das Sonnensystem gleichzeitig sind. Wir berechnen die Zeitdifferenz $c(t_3 - t_2)$ über die Lorentz-Transformation:

Gegeben sind dabei $\beta = 0,6$; $t'_3 - t'_2 = 0$ und $x_3 - x_2 = -0,342\text{Lj} - (25,1\text{Lj} + 0,342\text{Lj})$. Gesucht ist $t_3 - t_2$. Dazu verwenden wir die Lorentz-Transformation:

$$c(t'_3 - t'_2) = \gamma\left[-\beta(x_3 - x_2) + c(t_3 - t_2)\right].$$

Nun setzen wir die Gegebenheit $t'_3 - t'_2 = 0$ in die Transformationsgleichung ein:

$$c(t_3 - t_2) = \beta(x_3 - x_2), \qquad (4.4)$$

konkret

$$c(t_3 - t_2) = 0,6 \cdot (-25,784\text{Lj}) = -15,470\text{Lj},$$

also

$$\begin{aligned} t_3 - t_2 &= -15,47\text{a}; \\ t_3 &= t_2 - 15,47\text{a}; \\ t_3 &= -14,33\text{a}. \end{aligned}$$

Wie uns die Gleichung (4.4) zeigt, kommt es auf das Vorzeichen von β an: Wäre β negativ, d.h. flöge das zweite Wurmloch gegen die x-Richtung, also in Richtung von der Wega zur Sonne, dann wäre $t_3 - t_2$ positiv. So wie die wir die Flugrichtung des zweiten Wurmlochs gewählt haben, ist $t_3 - t_2$ negativ, das heißt t_3 liegt über 14 Jahre vor t_2. Sie ahnen es: Die Zeit t_4 der Rückkehr von der Rundreise wird negativ sein.

4. Bremsung bis das Schiff in Bezug auf die Sonne ruht:

$$(x_3; ct_3) = (-0,342 \text{Lj}; -14,33 \text{Lj}) \rightarrow (x_4; ct_4).$$

Den Austrittsort x_3 aus dem zweiten Wurmloch wählen wir so, dass unser Raumschiff im Sonnensystem zur Ruhe kommt: $x_4 = 0$. Die Bremszeit $t_4 - t_3$ ist so lang wie die Beschleunigungszeit: $t_4 - t_3 = 1,14 \text{a}$. Also:

$$t_4 = t_3 + 1,14\text{a} = -14,33\text{a} + 1,14\text{a} = -13,19\text{a}.$$

In dieser Näherung kommt das Raumschiff 13,19 Jahre vor seinem Start an seinem Startort an.

4.4. Abschätzung der Beschleunigungs- und Bremszeiten im Rahmen der speziellen Relativitätstheorie

Wir nehmen an, dass die Beschleunigung des Raumschiffs gleichförmig ist, z.B. indem das Schiff Antimaterie mitführt, die es zusammen mit Abfällen normaler Materie zerstrahlt. Im Ruhesystem des Schiffs gelte $a' = 5 \frac{\text{m}}{\text{s}^2}$.

Wir stellen uns die Aufgabe, die Beschleunigungszeit t_2 im Bezugssystem der Erde zu berechnen. Doch zunächst widmen wir uns der Berechnung der Beschleunigung a im Bezugssystem der

Erde. Gegeben sind dabei $v(0) = 0$, $v(t_2) = 0,6c$ und $a' = 5\frac{m}{s^2}$. Gesucht wird $a(t)$. Die Berechnung von $a(t)$ wurde in Kapitel 3 durchgeführt. Wir verwenden Formel (3.9):

$$t_2 = \frac{c\beta}{a'\sqrt{1-\beta^2}} = 4,5 \cdot 10^7 \text{s} = 1,42\text{a}.$$

Das Ergebnis vergleichen wir mit dem nichtrelativistischen Ergebnis (4.3), also $t_2 = 1,14$a, der ersten Näherung. Uns leuchtet ein, dass die Beschleunigung auf Geschwindigkeiten nahe der Lichtgeschwindigkeit länger dauert als nach der Newtonschen Theorie zu erwarten. Für die Bremsung im vierten Abschnitt der Zeitschleife braucht das Schiff noch einmal die gleiche Zeit: $t_4 - t_3 = 1,42$a. Die gesamte Zeitbilanz ist also:

$$t_4 = t_3 + 1,42\text{a} = (t_3 - t_2) + t_2 + 1,42\text{a} \quad (4.5)$$
$$= -15,470\text{a} + 2 \cdot 1,42\text{a} = -12,63\text{a}. \quad (4.6)$$

Das Raumschiff reist hier also nur noch $12,63$ Jahre in die Vergangenheit.

4.4.1. Fehlerabschätzung

Die Entfernung zur Wega, so genau sie bestimmt wurde, hat doch ihre Messfehler. $x_1 = 25,1\text{Lj} \pm 0,15\text{Lj}$. Sie geht als der größte Fehler in die Zeitberechnung der Gleichung (4.4) ein:

$$c(t_3-t_2) = \beta(x_3-x_2) = -15,47\text{Lj} \pm \beta 0,15\text{Lj} = -15,47\text{Lj} \pm 0,09\text{Lj}.$$

Also:
$$t_4 = -12,63\text{a} \pm 0,09\text{a}.$$

Außerdem kämen noch die Korrekturen nach der Allgemeinen Relativitätstheorie hinzu: Die Beschleunigung wirkt sich auf den Zeitfluss an Bord des Schiffes und auf jedes synchron mitbewegte

Bezugssystem aus.

Doch was passiert, wenn ein Zeitreisender in der Vergangenheit zufällig seine Großmutter tötet, bevor seine Mutter geboren wurde?

Teil II.

Allgemeine Relativitätstheorie: Schwarzes Loch und Hyperraum

5. Das Schwarze Loch – Schwarzschild-Radius und Schwarzschild-Metrik

> „Gib mir einen Punkt, wo ich hintreten kann, und ich bewege die Erde."
> – Archimedes –

Physikalische Themen: Fluchtgeschwindigkeit, Schwarzschild-Radius, Schwarzschild-Metrik, Flammsches Rotationsparaboloid

5.1. Der Radius eines Schwarzen Lochs nach der Newtonschen Physik

5.1.1. Einleitung

Wollen Sie ausrechnen, wie groß ein Schwarzes Loch gegebener Masse ist? Dazu gibt es eine Formel, die Karl Schwarzschild gefunden hatte, „kurz vor seinem Tod, während er als Artillerieleutnant der deutschen Armee an der russischen Front diente" [Whe91, S. 136].

Schwarzschild hatte 1915 als erster eine exakte Lösung der Einsteinschen Feldgleichungen für die Metrik der Raumzeit einer Punktmasse im Vakuum gefunden. Die berühmte Schwarzschildsche Formel beschreibt einen Parameter dieser Lösung im Rahmen der Allgemeinen Relativitätstheorie, dessen Bedeutung aber erst nach Jahrzehnten klar wurde. Dieselbe Formel erhalten wir hier mit viel weniger Mühe, allerdings nur im Rahmen der Newtonschen Physik. Gäbe es einen Himmelskörper, dessen Radius

500mal so groß wie der Sonnenradius wäre, der aber die Dichte der Sonne hätte, fiele sein Licht auf ihn zurück, der Körper wäre für uns unsichtbar. Ein leuchtender Stern, der die Dichte der Erde hätte und dessen Durchmesser 250mal so groß wie der Durchmesser der Sonne wäre, würde keinen seiner Lichtstrahlen zu uns kommen lassen, wir könnten den Stern also auch nicht sehen. John Michell [Mic84] und Pierre Simon Laplace[LP97, S. 333] berechneten dies schon im 18. Jahrhundert.

5.1.2. Energie und Energieformen

Der Begriff der Energie allgemein

Definition 5.1 (Energie) *Unter Energie versteht der Physiker die in einem physikalischen System gespeicherte Arbeit.*

Definition 5.2 (mechanische Arbeit) *Unter der mechanischen Arbeit bei der Bewegung eines Probekörpers entgegen einer Kraft F um ein Wegstück der hinreichend kurz gedachten Weglänge dl verstehen wir das Produkt $F \cdot dl$ dieser Kraft mit dieser Weglänge.*

Definition 5.3 (Kraft) *Kraft ist ein Grundbegriff der Physik, das heißt, Kraft ist streng nur durch das System aller Aussagen der Physik definiert. Um überhaupt etwas zu sagen, erklären wir Kraft etwas salopp als die physikalische Ursache jeder Bewegungsänderung und jeder Formänderung.*

Leider gibt es kein Axiomensystem der ganzen Physik, und darum brauchen wir strenggenommen das System aller Aussagen der Physik, um den überaus nützlichen Begriff der Kraft zu definieren. Für die Praxis genügen aber einige Beispiele, um diesen Begriff zu erklären.

Die potentielle Energie

Definition 5.4 (potentielle Energie) *Unter der potentiellen Energie oder Energie der Lage einer punktförmigen Probemasse am Punkt P in Bezug auf einen hervorgehobenen Punkt P_0 versteht der Physiker die Arbeit, die er (beispielsweise mit seinen Muskelkräften) aufwenden müsste, um die Probemasse von dem Bezugspunkt P_0 an den betreffenden Punkt P zu bringen.*

Im Gravitationsfeld eines kugelsymmetrischen Himmelskörpers der Masse M ist die potentielle Energie eines Körpers der Masse M_{Probe} im Abstand r zum Himmelskörper gegeben durch

$$E_{\text{pot}}(r) = -G\frac{MM_{\text{Probe}}}{r}. \qquad (5.1)$$

Nach Definition ist die potentielle Energie die von uns aufzuwendende Arbeit beim Transport der Probemasse vom Bezugspunkt an den Ort der Probemasse. Diesen Bezugspunkt legen wir für die Definition der potentiellen Energie im Gravitationsfeld einer Punktmasse ins Unendliche. Dann brauchen wir keine echte Arbeit zu verrichten, um die Probemasse an ihren Ort zu transportieren, denn die Gravitation hilft uns dabei: Wir könnten sogar die Probemasse für uns arbeiten lassen, die aufzuwendende Arbeit ist also negativ. Der größtmögliche Wert der potentiellen Energie, die potentielle Energie in unendlicher Entfernung vom Himmelskörper, ist gleich null.

Wer nur am Betrag der potentiellen Energie interessiert ist, lässt manchmal das Minuszeichen weg. Wir tun das nicht, weil wir im Folgenden die potentielle Energie nach Betrag und Vorzeichen brauchen, denn wir müssen sie zur Bestimmung der Gesamtenergie mit der kinetischen Energie zusammenfassen.

Um über die Definition der potentiellen Energie die Formel (5.1) zu beweisen, brauchen wir nur die Definition der Arbeit auf den Fall einer vom Ort abhängigen Kraft anzuwenden, nämlich der Gravitationskraft des Himmelskörpers auf den Probekörper, und ein bestimmtes Integral auszurechnen. Dafür benötigen wir die Definitionen der Arbeit (Definition 5.2) und das Newtonsche Gravitationsgesetz:

$$F(r) = -G\frac{MM_{\text{Probe}}}{r^2}.$$

Nach Definition ist die potentielle Energie der Probemasse am Punkt P gleich der Arbeit, die wir aufwenden müssten, um den Probekörper vom Bezugspunkt P_0 zum Punkt P zu schaffen. Um Schreibarbeit zu sparen, legen wir die positive x-Halbachse auf den Verbindungsstrahl vom Schwerpunkt des Himmelskörpers zum Schwerpunkt der Probemasse, und den Bezugspunkt legen wir auf diese Halbachse in unendlicher Entfernung vom Himmelskörper. Nach Definition (5.2) müssten wir die Arbeit $|F(x)|dx$ aufbringen, wenn wir auf der positiven x-Halbachse die Probemasse von x nach $x+dx$ brächten, weil wir dabei die Probemasse genau der Kraft entgegen heben müssten. Um die Probemasse in die umgekehrte Richtung zu bewegen, bräuchten wir keine echte Arbeit aufzubringen, im Gegenteil, wir könnten dabei Arbeit gewinnen, die Kraft würde für uns arbeiten, die von uns aufzuwendende Arbeit wäre negativ:

$$dW = -|F(x)|dx.$$

Also ist der insgesamt von uns aufzubringende Arbeitsaufwand, um die Probemasse aus dem Unendlichen in die Entfernung r vor das Zentrum des Himmelskörpers zu schaffen, entgegengesetzt gleich der Arbeit, die wir aufwenden müssten, um die Probemasse vom Abstand r unendlich weit weg zu schaffen:

$$\begin{aligned}
E_{\text{pot}}(r) &= -\int_r^\infty |F(x)|\,dx \\
&= -\int_r^\infty G\frac{MM_{\text{Probe}}}{x^2}\,dx \\
&= -GMM_{\text{Probe}}\left[-\frac{1}{x}\right]_r^\infty \\
&= -G\frac{MM_{\text{Probe}}}{r},
\end{aligned}$$

was zu beweisen war.

5.1.3. Die Fluchtgeschwindigkeit

Definition 5.5 (Fluchtgeschwindigkeit) *Unter der Fluchtgeschwindigkeit eines kugelsymmetrischen Himmelskörpers versteht man diejenige Anfangsgeschwindigkeit eines Probekörpers, die er mindestens haben muss, um den Himmelskörper von dessen Oberfläche aus (in Richtung nach oben) für immer zu verlassen.*

Ein mit der Fluchtgeschwindigkeit abgeschossener Probekörper muss also im Unendlichen seine kinetische Energie vollständig aufgezehrt haben. Darum ist seine potentiellen Energie im Unendlichen gleich seiner stets gleichbleibenden Gesamtenergie. Sie ist also gleich Null, wenn wir, wie üblich, den Bezugspunkt der potentiellen Energie ins Unendliche legen.

Diese Eigenschaft machen wir uns für die Berechnung der Fluchtgeschwindigkeit zu Nutze, denn es gilt:

$$E_{\text{kin}} + E_{\text{pot}} = 0.$$

Wir setzen die Terme für die kinetische und die potentielle Energie zum Startzeitpunkt ein, es sei also die Geschwindigkeit gleich der Fluchtgeschwindigkeit v_{Fl} und der Abstand r gleich dem Radius R des Himmelskörpers, so gilt:

$$\frac{1}{2}M_{\text{Probe}}v_{\text{Fl}}^2 - G\frac{MM_{\text{Probe}}}{R} = 0.$$

Wir multiplizieren beide Seiten mit $\frac{2}{M_{\text{Probe}}}$ und lösen nach v_{Fl}^2 auf:

$$v_{\text{Fl}}^2 = \frac{2GM}{R}. \tag{5.2}$$

So finden wir:

$$v_{\text{Fl}} = \sqrt{\frac{2GM}{R}}.$$

Berechnen wir nun konkret die Fluchtgeschwindigkeit v_{Fl} für die Erde, die Sonne, den Weißen Zwergstern Sirius B und den Stern RX J1856.5-3754. Die Massen und Radien der Himmelskörper sind in der folgenden Tabelle zusammengefasst. Setzen wir die Parameterwerte in die letzte Gleichung ein, so erhalten wir die Fluchtgeschwindigkeiten in der letzten Spalte:

Himmelskörper	Masse M	Radius R	v_{Fl}
Erde	$5,977 \cdot 10^{24}$kg	$6,371 \cdot 10^6$m	$1,12 \cdot 10^4 \frac{\text{m}}{\text{s}}$
Sonne	$1,989 \cdot 10^{30}$kg	$6,960 \cdot 10^8$m	$6,17 \cdot 10^5 \frac{\text{m}}{\text{s}}$
Sirius B	$2,094 \cdot 10^{30}$kg	$7,900 \cdot 10^6$m	$5,95 \cdot 10^6 \frac{\text{m}}{\text{s}}$
RX J1856.5-3754	$1,8 \cdot 10^{30}$kg	$5,65 \cdot 10^3$m	$2,06 \cdot 10^8 \frac{\text{m}}{\text{s}}$

5.1.4. Die Schwarzschildsche Formel

Ein Schwarzes Loch ist bekanntlich ein Himmelskörper, dessen Gravitation so stark ist, dass kein Licht ihn verlassen kann. Wir definieren also:

Definition 5.6 (Schwarzes Loch) *Ein Schwarzes Loch ist ein Himmelskörper, dessen Fluchtgeschwindigkeit größer oder gleich der Lichtgeschwindigkeit ist.*

Wir wollen nun den Radius R_S berechnen, den ein Himmelskörper gegebener Masse haben muss, um ein Schwarzes Loch zu sein. Dazu setzen wir in Gleichung (5.2) $v_{Fl} = c$ ein:

$$c^2 = \frac{2GM}{R_S}.$$

Diese Gleichung lösen wir nach R_S auf und erhalten so den Schwarzschildradius eines Schwarzen Lochs:

$$R_S = \frac{2GM}{c^2}. \qquad (5.3)$$

Dies ist die berühmte Schwarzschildsche Formel. Wir müssen es als glücklichen Zufall ansehen, dass sich diese Gleichung schon als Ergebnis der newtonschen Theorie ergibt. Raum und Zeit vor einem Schwarzen Loch sind nicht der absolute Raum und nicht die absolute Zeit, wie sie Newton seiner Gravitationstheorie zugrundegelegt hat. Wie lang ein Maßstab ist und welche Zeit eine Uhr irgendwo anzeigt, hängt vom Bezugssystem des Beobachters ab und vom Abstand der Messereignisse zum Schwarzen Loch.

Zurück zur Newtonschen Physik: Nachdem wir mit Gleichung (5.3) den Radius eines Schwarzen Lochs gegebener Masse berechnet haben, fällt es uns leicht, diesen Radius auch zu gegebener mittlerer Dichte des Schwarzen Lochs auszurechnen. Diese Rechnung ist zumindest von historischem Interesse, denn wir vermuten, Michell und Laplace gingen davon aus, alle Himmelskörper wären im Mittel etwa so dicht wie die Sonne oder die Erde, und so fragten sie sich, wie groß ein Himmelskörper etwa dieser Dichte sein müsste, damit er für uns unsichtbar ist. Welchen Radius muss ein Himmelskörper gegebener mittlerer Dichte mindestens haben, damit sein Licht nach der newtonschen Korpuskulartheorie des Lichts wieder auf ihn zurückfällt?

Bestimmen wir also den Radius R_S eines Schwarzen Lochs einer gegebenen Dichte ρ. Wir suchen eine Gleichung zwischen dem Radius und der mittleren Dichte eines Schwarzen Lochs. Was wir in dieser Gleichung nicht gebrauchen können, ist die Masse dieses Körpers. Darum drücken wir die Masse durch den Radius und die mittlere Dichte aus:

$$M = \rho V = \frac{4\pi}{3} R_S^3 \rho.$$

Das setzen wir in die Schwarzschildsche Gleichung (5.3) ein:

$$R_S = \frac{2G}{c^2} \frac{4\pi}{3} R_S^3 \rho$$

und lösen die so erhaltene Gleichung nach R_S auf:

$$R_S^{-2} = \frac{8\pi G}{3c^2} \rho;$$

$$R_S = \sqrt{\frac{3c^2}{8\pi G} \frac{1}{\rho}}. \qquad (5.4)$$

Die Frage, für welchen Radius eine Kugel gegebener Dichte ein Schwarzes Loch ist, stellt sich auch in der Kosmologie. Hier hilft Gleichung (5.4), den Gültigkeitsbereich der Newtonschen Kosmologie im Vergleich mit einer allgemeinrelativistischen Kosmologie abzuschätzen [Now82, S. 81–84]:

Eine Kugel kosmischen Ausmaßes, erfüllt von Materie der mittleren Dichte ρ, zusammengesetzt aus intergalaktischem Gas, in das Galaxien, Galaxienhaufen und Galaxiensuperhaufen eingestreut sind, soll einen Radius haben, der durch Gleichung (5.4) gegeben ist. Diese Kugel muss nach der Newtonschen Theorie ein Schwarzes Loch sein. Nach Gleichung (5.4) ergibt sich zur Dichte

$\rho = 10^{-27}\,\frac{\text{kg}}{\text{m}^3}$, der mittleren Dichte der Materie im heutigen Universum, ein Radius von $R_S = 10^{10}$ Parsec. Für so große Entfernungen versagt die Newtonsche Theorie, denn unserer Erfahrung nach ist ein so großes Kugelvolumen kein Schwarzes Loch.

Über Gleichung (5.4) erhalten wir also den Radius eines Himmelskörpers, dessen Licht nicht zu uns gelangen kann, weil es nach der Newtonschen Theorie auf den Körper zurückfallen muss. Als Radius eines Schwarzen Lochs mit der mittleren Dichte der Sonne, also mit der mittleren Dichte von $1,408 \cdot 10^3\,\frac{\text{kg}}{\text{m}^3}$, erhalten wir $3,38 \cdot 10^{11}$ m. Diesen Radius vergleichen wir mit dem tatsächlichen Sonnenradius von $6,960 \cdot 10^8$ m und finden, dass der errechnete Radius 486mal so groß ist. Das bedeutet: Ein Himmelskörper, der die mittlere Dichte unserer Sonne hätte und dessen Radius 486mal so groß wäre wie der Sonnenradius, wäre für uns unsichtbar. Wäre er ebenso groß und hätte er eine größere mittlere Dichte als die Sonne, so wäre er erst recht nicht zu sehen. Und wenn er die Dichte der Sonne hätte und einen größeren Radius als den 486fachen Sonnenradius, sagen wir den 500fachen Sonnenradius, so wäre er auch nicht zu sehen. Eben das hat Michell schon 1784 geschrieben [Mic84].

Setzen wir aber die mittlere Dichte der Erde in Gleichung (5.4) ein, also $5,518 \cdot 10^3\,\frac{\text{kg}}{\text{m}^3}$, so finden wir einen Radius von $1,71 \cdot 10^{11}$ m. Dieser Radius ist 245mal so groß wie der Sonnenradius. Ein Himmelskörper mit diesem Radius und mit der mittleren Dichte der Erde wäre für uns unsichtbar. Erst recht könnte das Licht eines Himmelskörpers mit gleicher Dichte und mit einem noch größeren Radius nicht zu uns kommen, sagen wir mit dem 250fachen Sonnenradius. Und eben das hat Laplace schon 1797 gesagt [LP97].

5.2. Die Schwarzschild-Metrik

Nach der Allgemeinen Relativitätstheorie wird der Raum durch die sich in ihm befindenden Massen gekrümmt. Wie ein Schwarzes Loch mit einer Punktmasse im Inneren, das weder Ladung noch Drehimpuls trägt, den Raum krümmt, gibt die Schwarzschild-Metrik an. Aus dieser Formel werden wir in den folgenden Kapiteln ausrechnen, wie ein Schwarzes Loch den Raum zu einem Wurmloch krümmt. Die Formel für die Schwarzschild-Metrik lautet:

$$ds^2 = \frac{1}{1-\frac{R_S}{r}} dr^2 + r^2(d\theta^2 + \sin^2\theta\, d\phi^2) - \left(1 - \frac{R_S}{r}\right) c^2 dt^2, \quad (5.5)$$

Dabei bezeichnet R_S den Schwarzschild-Radius nach Gleichung (5.3).

5.2.1. Erklärung der Schwarzschild-Metrik

Die Formel (5.5) gibt uns das Quadrat des Raumzeit-Abstands für zwei nahe beieinanderliegende Ereignisse, deren räumliche Polarkoordinaten r, θ, ϕ bzw. $r + dr$, $\theta + d\theta$, $\phi + d\phi$ und deren Zeitkoordinaten t bzw. $t + dt$ bekannt sind: Ist ds^2 positiv, so liegen die beiden Ereignisse raumartig zueinander; ist ds^2 negativ, liegen sie zeitartig zueinander, und ist ds^2 gleich Null, so sind die Ereignisse lichtartig zueinander. Dabei bedeutet r den Abstand des ersten Ereignisses vom Massenpunkt im Zentrum des Schwarzen Lochs und $r + dr$ den entsprechenden Abstand des zweiten Ereignisses. Die beiden anderen räumlichen Koordinaten θ, ϕ sind Winkel: der Polabstand θ ist der Winkel zwischen dem Radiusvektor, der Verbindung des Ereignisortes mit dem Massenpunkt im Schwarzen Loch, und der z-Achse. Das Azimut ϕ ist der Winkel zwischen der Projektion des Radiusvektors auf die x-y-Ebene und der x-Achse. Für später nehmen wir uns vor, die Metrik der

Äquatorebene des Schwarzen Lochs anschaulich zu machen. Für sie gilt: $\theta = \pi/2$; $d\theta = 0$, und zwar zu einer festen Zeit, also für $dt = 0$:

$$ds^2 = \frac{1}{1 - \frac{R_S}{r}} dr^2 + r^2 d\phi^2. \qquad (5.6)$$

Beschränken wir uns darüber hinaus auf die Punkte einer Halbachse, der x-Halbachse oder r-Halbachse, so vereinfacht sich die Metrik weiter:

$$ds^2 = \frac{1}{1 - \frac{R_S}{r}} dr^2. \qquad (5.7)$$

Für die eigentliche Rechnung brauchen wir nur diese Formel vorauszusetzen. Zunächst fragen wir nach ihrem Gültigkeitsbereich.

5.2.2. Der Definitionsbereich der Schwarzschild-Metrik

Kennen wir mit Gleichung (5.7) also die Metrik vollständig, das heißt für alle Punkte der r-Halbachse? Nein, nach dieser Formel ist das Abstandsquadrat, das Linienelement ds^2, für zwei r-Werte nicht definiert: für $r = 0$ und für $r = R_S$. Übrigens gilt diese Einschränkung des Definitionsbereichs auch nach der vollständigen Gleichung (5.5) für die Metrik der Raumzeitpunkte, auch sie ist an den Stellen $r = 0$ und $r = R_S$ nicht definiert. Wir sind nicht überrascht, dass sich die Metrik am Punkt $r = 0$ nicht beschreiben lässt, denn dort liegt die Singularität des Schwarzen Lochs: eine Punktmasse, ein Punkt unendlicher Massendichte.

Was im mathematischen Sinne offenkundig ist, verwundert uns bei der physikalischen Betrachtung allerdings sehr, nämlich dass die Metrik für $r = R_S$ nicht definiert ist, also am Rand des Gebietes, aus dem kein Körper herauskommen kann, wenn er hineingeraten ist, sagen wir kurz, am Rand des Schwarzen Lochs. Denn was ist am Rand des Schwarzen Lochs besonders ausgefallen? Das Innere des Schwarzen Lochs ist doch schlimmer als sein Rand! Das verstehen wir nicht. Ziel unserer Rechnungen in den folgenden Kapiteln wird es auch sein, diese Definitionslücke zu beheben.

5.2.3. Cartesische Koordinaten des Normalraums und des Hyperraums

Wir würden gern sichtbar machen, wie ein Schwarzes Loch die Metrik des dreidimensionalen Raumes verändert. Wir kennen die Schwarzschildsche Formel, und Fachleute können mit ihr die innere Krümmung des Raumes berechnen. Aber wir würden viel lieber die innere Krümmung als äußere Krümmung sichtbar machen. Die innere Krümmung einer Ebene könnten wir sehen, wenn wir eine krumme Fläche in einem flachen dreidimensionalen Hilfsraum fänden, deren äußere Krümmung die innere Krümmung der Ebene widerspiegelt. Wir bräuchten einen dreidimensionalen Hilfsraum, weil unser dreidimensionaler Raum mit Schwarzem Loch nicht flach ist. Er ist in sich gekrümmt, hat also eine innere Krümmung. Diese Krümmung wollen wir uns als äußere Krümmung in einem vierdimensionalen Hilfsraum denken. In der Science Fiction heißt dieser Hilfsraum Hyperraum, und obwohl die Science Fiction beschreibt, wie Raumschiffe von einer Falte unseres dreidimensionalen Normalraums durch den Hyperraum zu einer im Hyperraum benachbarten Raumfalte fliegen, haben einige Fachleute diesen Namen übernommen. Darum haben auch wir keine Skrupel, den flachen vierdimensionalen Hilfsraum Hyperraum zu nennen.

- **Der Normalraum:** Die Punkte unseres dreidimensionalen Anschauungsraumes stellen wir nach Descartes (der sich auch Cartesius nannte) durch Tripel cartesischer Koordinaten $(x; y; z)$ dar, und in ihm die Punkte der x-y-Ebene speziell durch die Tripel $(x; y; 0)$.

- **Der Hyperraum:** Unserem dreidimensionalen Normalraum

stellen wir den vierdimensionalen Hyperraum gegenüber, dessen vier Koordinaten wir mit den Buchstaben w, x, y, z bezeichnen. Dabei fassen wir den uns vertrauten dreidimensionalen Raum als einen dreidimensionalen Unterraum des Hyperraums auf. Wir denken uns den Normalraum an der Stelle desjenigen Unterraums des Hyperraums, der durch die Gleichung $w = 0$ beschrieben ist. Wir betten so unseren Normalraum in den Hyperraum ein.

- **Identifizierung der x-y-Ebene des Normalraums mit der x-y-Ebene des Hyperraums:** Die x-y-Ebene unseres Normalraums denken wir uns an der Stelle der x-y-Ebene des Hyperraums. Diese Ebene ist durch die beiden Gleichungen $w = 0$ und $z = 0$ gegeben. Und weil wir allgemein die Punkte des Hyperraums durch die Quadrupel $(w; x; y; z)$ darstellen, kennzeichnen wir insbesondere die Punkte der x-y-Ebene des Hyperraums durch die besonderen Quadrupel $(0; x; y; 0)$.

- **Orientierungen:** Das Koordinatensystem im Hyperraum legen wir so, dass dessen x-y-Achsenkreuz mit dem x-y-Achsenkreuz des Normalraums zusammenfällt. Die x-y-Ebene denken wir uns waagerecht und die w-Achse senkrecht nach oben orientiert.

5.2.4. Innere und äußere Krümmung: die isometrische Einbettung einer Ebene

Zwei isometrische Flächen sind zwei Flächen gleicher Metrik [Ste80, 194]. Wir wollen die innere Krümmung der x-y-Ebene mit einer Punktmasse wiedergeben durch die äußere Krümmung einer noch zu findenden Fläche im Hyperraum, deren Krümmung jeder vom Hyperraum aus sehen könnte. Haben wir eine derartige Fläche gefunden, ist uns auch die innere Krümmung der Äquator-Ebene des Schwarzen Lochs anschaulich. Wir wollen also in Gedanken die x-y-Ebene derart in w-Richtung hin verbiegen, daß die Punkte der deformierten Fläche nach Pythagoras die richtigen Abstände haben, nämlich der Schwarzschild-Metrik gehorchend.

Die eben genannte, noch zu findende Fläche mit sichtbarer Krümmung stellen wir uns über der x-y-Ebene des Hyperraums vor, als Ausbeulung der x-y-Ebene in w-Richtung nach oben. Damit haben wir drei Achsen im Hyperraum orientiert, nur wohin die z-Achse zeigt, können wir uns nicht vorstellen.

Gegeben ist also die x-y-Ebene mit einem Massenpunkt darin, in der die Schwarzschild-Metrik (5.6) gilt. Und gegeben ist der dreidimensionale w-x-y-Unterraum des flachen Hyperraums, in dem nach Definition des Hyperraums der Satz von Pythagoras gilt. Wir suchen eine Fläche in diesem w-x-y-Raum, deren äußerlich sichtbare Krümmung die gleiche Metrik nach sich zieht wie die Schwarzschild-Metrik in der Äquator-Ebene des Schwarzen Lochs. Zur Äquator-Ebene des Schwarzen Lochs suchen wir also eine isometrische Fläche im flachen w-x-y-Raum. Um diesem Fernziel näherzukommen, nehmen wir uns zuerst ein leichter zu erreichendes Nahziel vor:

Wir beschränken uns zunächst darauf, statt der Krümmung der x-y-Ebene nur die Krümmung einer Halbachse dieser Ebene bildlich darzustellen. Wir wollen also sehen, wie die Gravitation des Schwarzen Lochs die r-Halbachse krümmt, wobei die r-Halbachse radial vom Zentrum des Schwarzen Lochs wegzeigt.

Wir beschränken uns also auf die Punkte der r-Halbachse zu einer festen Zeit und legen für diese die Schwarzschild-Metrik (5.7) zugrunde:

$$ds^2 = \frac{1}{1 - \frac{R_S}{r}} dr^2. \qquad (5.7)$$

Dementsprechend beschränken wir uns im Hyperraum auf die x-w-Ebene, auf deren x-Achse wir die r-Halbachse legen. In dieser

Ebene gilt zwischen den Koordinatenzuwächsen dr, dw und dem Linienelement ds der Satz des Pythagoras:

$$ds^2 = dr^2 + dw^2. \tag{5.8}$$

Die gegenseitigen Abstände der Punkte der r-Halbachse haben sich infolge der Gravitation des Schwarzen Lochs mehr oder weniger geändert, siehe Gleichung (5.7). Um diese innere Verzerrung der r-Halbachse sichtbar zu machen, denken wir uns im Hyperraum über der r-Halbachse, von Ort zu Ort verschieden hoch in w-Richtung reichend, eine krumme Linie. Diese krumme Linie mit ihrer sichtbaren äußeren Krümmung soll nach Pythagoras die gleiche Metrik haben wie nach Schwarzschild die r-Halbachse mit ihren inneren Verzerrungen. Das heißt, auf der krummen Linie im Hyperraum sollen die beiden Punkte $A = (r;w)$ und $C = (r+dr;w+dw)$ mit den Koordinaten r bzw. $r+dr$ den gleichen Abstand ds haben, berechnet über Gleichung (5.8), wie ihn auf der r-Halbachse im verzerrten Normalraum die beiden Punkte $(r;0)$ und $(r+dr;0)$ mit diesen r-Koordinaten haben, berechnet über Gleichung (5.7).

Den Abstand ds zweier Punkte der r-Achse erhalten wir als Abstand der zugehörigen Punkte auf dem isometrischen Abbild der r-Achse, der krummen Linie über der r-Achse: Die Seitenlängen $a = dw$, $b = ds$ und $c = dr$ des Steigungsdreiecks mit den Ecken $A = (r;w)$; $B = (r+dr;w)$; $C = (r+dr;w+dw)$ erfüllen nämlich den Satz von Pythagoras, weil der Hyperraum nach Definition flach ist: $ds^2 = dr^2 + dw^2$. Um die Abstände richtig zu sehen, stellen wir uns vor, die Gravitation habe die r-Halbachse in w-Richtung hochgekrümmt und gedehnt, ohne ihre r-Koordinaten zu ändern. So haben zwei Punkte mit gegebenem dr auf der krummen Linie nach Pythagoras die richtigen Entfernungen, wir sehen die Krümmung der r-Halbachse. Im Steigungsdreieck kennen wir also zur Länge dr der waagerechten Kathete für den infinitesimalen Grenzfall die Länge ds der schrägen

Hypotenuse. Nach Pythagoras können wir dazu die Länge dw der senkrechten Kathete berechnen und anschließend, wenn wir wollen, die Steigung $m := dw/dr$ der Hypotenuse. So können wir die Steigung dw/dr als Term der Variablen r schreiben. Diese Steigung dw/dr, die Steigung der Sehne eines infinitesimalen Steigungsdreiecks, ist die Steigung der Tangente, und damit haben wir eine Differentialgleichung für diejenige Funktion f gefunden, die den r-Koordinaten ihre Hyperraumhöhen w zuordnet: Ihr Graph ist die krumme Linie, die wir suchen, das Bild der Raumkrümmung vor einem Schwarzen Loch.

5.2.5. Die Einbettungsfunktion

Wir stellen nun eine Differentialgleichung für den Funktionsterm $w(r)$ auf, dessen abhängige und unabhängige Differentiale dw und dr die Gleichungen (5.7) und (5.8) erfüllen. Nach den Gleichungen (5.7) und (5.8) gilt:

$$\frac{1}{1-\frac{R_S}{r}} dr^2 = dr^2 + dw^2.$$

Diese Gleichung zwischen den Differentialen dw und dr wollen wir in eine Gleichung für dw/dr umformen. Dazu bestimmen wir dw als Term von dr und r:

$$\begin{aligned} dw^2 &= \frac{1}{1-\frac{R_S}{r}} dr^2 - dr^2 \\ &= \frac{\frac{R_S}{r}}{1-\frac{R_S}{r}} dr^2 \\ &= \frac{1}{\frac{r}{R_S}-1} dr^2, \end{aligned}$$

also

$$dw = \pm \frac{1}{\sqrt{\frac{r}{R_S}-1}} dr$$

und
$$\frac{dw}{dr} = \pm \frac{1}{\sqrt{\frac{r}{R_S} - 1}}.$$ (5.9)

Wir integrieren auf beiden Seiten:
$$w(r) = \pm \int \frac{dr}{\sqrt{\frac{r}{R_S} - 1}} = \pm 2R_S \sqrt{\frac{r}{R_S} - 1} + C.$$

Da wir nur eine Einbettungsfunktion suchen, kann uns die Integrationskonstante egal sein. Wir wählen der Einfachheit halber $C = 0$. Interessanter ist die Unbestimmtheit des Vorzeichens. Natürlich könnten wir sie als ein rein mathematisches Phänomen abtun. Aber in späteren Rechnungen wird so eine Doppeldeutigkeit der Lösung wieder auftauchen, sodass der Eindruck entstehen kann, dass das Schwarze Loch zwei Universen miteinander verbindet. Das Schwarze Loch selbst bildet dabei ein Wurmloch zwischen den Universen. Man spricht von einer Einstein-Rosen-Brücke. Lange Zeit glaubte man, diese Wurmlöcher wären passierbar und zum Beispiel für Zeitreisen nutzbar. Dies ist jedoch nicht so: Das Wurmloch ist instabil, nicht einmal ein Lichtsignal könnte passieren, denn das Wurmloch würde sich vorher zusammenziehen. Man spricht von einem bösartigen Wurmloch.

Eingangs wollten wir jedoch die Krümmung der x-y-Ebene darstellen. Dazu müssen wir nun auf Grund der Symmetrie des Problems die erhaltene Kurve um den Ursprung rotieren. Dann erhalten wir ein Rotationsparaboloid, das Abbildung 5.1 darstellt. Diese Figur heißt Flammsches Rotationsparaboloid nach ihrem Entdecker Ludwig Flamm.

5.3. Eine Übungsaufgabe

Denken Sie sich eine kugelförmige Sonde vor einem Schwarzschildschen Schwarzen Loch. Wohl greift das Schwarze Loch die Son-

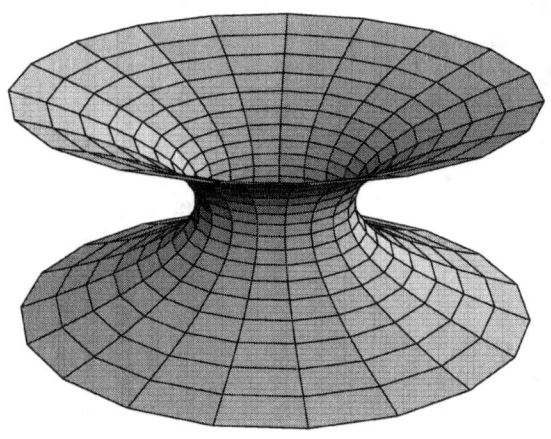

Abbildung 5.1.: Das Rotationsparaboloid eines schwarzen Lochs

de mit gewaltigen Gezeitenkräften an, aber uns interessiert hier nicht, wie stark die Gezeitenkräfte die Sonde deformieren. Wir gehen natürlich auch davon aus, dass die Sonde nicht von den Kräften zerrissen wird. Uns interessiert hier nur, wie der Raum durch das Schwarze Loch deformiert wird, und das wollen wir uns an der Sonde ansehen. Darum soll die Sonde nicht nur unzerstörbar, sondern auch undeformierbar sein, jedenfalls dort, wo wir sie uns vorstellen, also nicht in dem Schwarzen Loch. Wir setzen die Sonde als einen ideal starren Körper voraus. Wenn Sie wollen, denken Sie sich die Sonde aus dem Material hergestellt, aus dem die General-Products-Rümpfe sind [Niv80, S. 12f]. Soviel vorweg, damit uns später keine Missverständnisse aufhalten.

Nun zu den Daten der Aufgabe: Das Schwarze Loch soll einen Schwarzschild-Radius von $R_S = 10$km haben, die Sonde einen Durchmesser von 100m und das Zentrum der Sonde soll $11,25$km vom Mittelpunkt des Schwarzen Lochs entfernt sein. Das Zentrum der Sonde soll auf der positiven x-Halbachse liegen. Alle Größen beziehen sich auf einen Beobachter, der in Bezug auf das Schwarze Loch unendlich weit entfernt ruht.

Überlegen Sie sich, wie sich die Verzerrung des Raumes auf die Sonde auswirkt, beschreiben und zeichnen Sie also vom Schwarzen Loch und von der Sonde (im Maßstab 1: 50000):

- die eindimensionalen Teile, die in der Parabel liegen (im Hyperraum),

- die eindimensionalen Teile, die in der positiven x-Halbachse liegen (im Normalraum),

- die zweidimensionalen Teile, die in dem Rotationsparaboloid liegen (im Hyperraum),

- die zweidimensionalen Teile, die in der x-y-Ebene liegen (im Normalraum).

Lösungsgrundlage ist dabei Gleichung (5.7), die Schwarzschild-Metrik auf der r-Halbachse:

$$ds^2 = \frac{1}{1 - \frac{R_S}{r}} dr^2; \tag{5.7}$$

und Bilder, wie sie die isometrische Abbildung mit $r \mapsto w(r)$ liefert: die Parabel als Bild des Teiles der r-Halbachse, der nach Herausnehmen des Inneren des Schwarzen Lochs übrig bleibt und das Rotationsparaboloid als Bild des Teiles der x-y-Ebene, der nach Ausschneiden des Inneren des Schwarzen Lochs von der x-y-Ebene übrig bleibt.

Hier gilt

$$1 - \frac{R_S}{r} = 1 - \frac{10\text{km}}{11,25\text{km}} = \frac{11,25 - 10}{11,25} = \frac{1}{9},$$

also nach Gleichung (5.7):

$$ds^2 = 9 dr^2,$$

also

$$ds = 3 dr.$$

Das müssen wir nur noch richtig deuten und zeichnerisch darstellen: Den Punkt des Randes der Sonde, der dem Schwarzen Loch zugewandt ist, nennen wir ihren Bug, den entgegengesetzten ihr Heck. Die Verbindung von Bug und Heck, ein Kugeldurchmesser, ist uns ein Maßstab. Den Maßstab zeichnen wir in seiner Länge $ds = 100$m auf die Parabel, sodass sein Mittelpunkt über der Stelle $x = 11,25$km auf der x-Achse liegt. Die Projektion des Maßstabs ds auf die x-Achse verkürzt den Maßstab auf die Länge $dx = dr = \frac{ds}{3}$. Die Äquatorkreisfläche der Sonde, in der die Verbindung vom Bug zum Heck in x-Richtung zeigt, zeichnen wir auf das Rotationsparaboloid, und zwar wieder so, dass sein Mittelpunkt über der Stelle $x = 11,25$km auf der x-Achse liegt. Die Projektion des Äquatorkreises auf die x-y-Ebene ist eine Ellipse: Ihre kleine Achse der Länge $\frac{ds}{3}$ liegt auf der positiven x-Halbachse, und ihre große Achse der Länge ds liegt parallel zur y-Achse.

In ein Schwarzes Loch gelangt alles hinein, doch nichts gelangt über den Ereignishorizont wieder hinaus.

6. Die Schildkrötenkoordinate

> „Fortuna lächelt, doch sie mag nur selten voll beglücken: Schenkt sie uns einen Sommertag, so schenkt sie uns auch Mücken."
> – Wilhelm Busch –

Physikalische Themen: Weltlinien von Lichtsignalen in der Schwarzschild-Metrik, Transformation der Schwarzschild-Metrik mit der Schildkröten-Koordinate

6.1. Einleitung

Das Flammsche Rotationsparaboloid ist ein zweiblättriges Bild einer Momentaufnahme einer „Äquatorebene" durch ein Schwarzschildsches Schwarzes Loch. Es macht die innere Krümmung dieser Ebene sichtbar, aber nicht der ganzen Ebene, sondern nur der Ebene, soweit sie außerhalb des Schwarzen Lochs liegt.

Der im Inneren des Schwarzen Lochs gelegene Teil der Ebene, eine offene Kreisfläche mit dem Schwarzschild-Radius, wird im Bild überhaupt nicht wiedergegeben. Das Rotationsparaboloid zeigt uns also nur die Geometrie des Außenraums eines Schwarzen Lochs zu einem festen Zeitpunkt. Vom Innenraum gibt es nichts preis. Warum in diesem Bild der Innenraum fehlt, könnte zwei Gründe haben:

Erstens könnte sich das Schwarze Loch von unserem Universum abgeschnürt haben, also irgendwo neben ihm liegen. Viele hatten den Rand des Schwarzen Lochs mit seiner „Singularität" als eine „Grenze von Raum und Zeit" gedeutet [Hal97, S.58]. Ein zu einem Schwarzen Loch kollabierter Stern würde demnach „durch einen selbsterzeugten Riß im Raum-Zeit-Kontinuum gleiten und aus unserem Universum verschwinden" [Sag82, S. 253].

Zweitens könnte das Bild nur einen Teil der Geometrie der Raumzeit mit einem Schwarzen Loch wiedergeben, einfach weil die zugrundeliegende Formel, die Schwarzschild-Metrik, unvollkommen ist.

Tatsächlich ist die Schwarzschild-Metrik überall in der Außenraumzeit des Schwarzen Lochs und in der Innenraumzeit mit Ausnahme der Singularität im Mittelpunkt bei $r=0$ definiert. Aber sie ist auf dem Rand des Schwarzen Lochs nicht definiert, denn dort wird ein Nenner gleich Null. Die Metrik ist also auf zwei nicht zusammenhängenden vierdimensionalen Raumzeitgebieten definiert, die durch die dreidimensionale Raumzeit der Kugelfläche $r=R_S$ getrennt sind. Die Frage ist, ob diese zwei Raumzeit-Bereiche in Wirklichkeit getrennt sind oder nur scheinbar, nur im Modell der Schwarzschild-Mannigfaltigkeit.

Viele Jahre lang wurde die Singularität der Schwarzschild-Metrik am Rande des Schwarzen Lochs bei $r=R_S$ für ebenso real gehalten wie die Singularität im Mittelpunkt des Schwarzen Lochs bei $r=0$. Erst Lemaitre zeigte 1933 zeigte, dass die Singularität am Rand des Schwarzen Lochs nur eine Eigenschaft der Schwarzschild-Koordinaten ist [Rin79, S. 149].

Ein Koordinatensystem, in dem die Metrik und die Topologie der Raumzeit mit Schwarzschildschem Schwarzen Loch besonders übersichtlich sind, entdeckten 1960 unabhängig voneinander Martin D. Kruskal und George Szekeres . In diesem Koordinatensystem ist die Metrik am Rand des Schwarzen Lochs nichtsingulär, und alle Lichtkegel haben die gleiche Form wie in der Minkowski-Welt. Die Kruskal-Szekeres-Koordinaten sind unter den Fachleuten schnell bekannt geworden.

Wir wollen die Kruskal-Szekeres-Koordinaten, ausgehend von der Schwarzschild-Metrik, auf dem kürzesten Wege anstreben.

In einer Vorüberlegung wollen wir uns klarmachen, warum in

Schwarzschild-Koordinaten die Außenraumzeit und die Innenraumzeit nicht kausal verbunden sein können, warum es unmöglich ist, dass ein Lichtsignal nach einer endlich langen Koordinatenzeit (aus Sicht eines unendlich fernen Beobachters) den Rand des Schwarzen Lochs erreicht und durchquert. Die gewonnene Einsicht wird uns den darauf folgenden Schritt nahelegen, nämlich eine Koordinate günstig zu transformieren.

Dazu fragen wir zunächst nach der Geschwindigkeit $\frac{dr}{dt}$ radial einlaufender und radial auslaufender Lichtsignale in Schwarzschild-Koordinaten.

6.2. In Schwarzschild-Koordinaten hängt die Lichtgeschwindigkeit vom Ort ab

1. Wir bestimmen in Schwarzschildschen Koordinaten die Steigungen der Weltlinien von Lichtsignalen, die vom Ereignis $(r; ct)$ aus direkt auf den Mittelpunkt eines Schwarzen Lochs zulaufen oder direkt von ihm weglaufen.

2. Wir schließen aus den gefundenen Steigungen auf die Geschwindigkeiten radial laufender Lichtsignale in der Entfernung r vom Mittelpunkt des Schwarzen Lochs.

Für das Linienelement zweier unmittelbar benachbarter Ereignisse in der vierdimensionalen Raumzeit eines Universums, das einen Massenpunkt und sonst nichts enthält, gilt nach Schwarzschild:

$$ds^2 = \frac{dr^2}{1 - \frac{R_S}{r}} + r^2(d\theta^2 + \sin^2\theta\, d\phi^2) - \left(1 - \frac{R_S}{r}\right)c^2 dt^2. \quad (5.5)$$

Die Ereignisse einer radialen Bewegung haben alle gleiche Winkelkoordinaten, gleichen Polabstand θ und gleiches Azimut ϕ. Die

Differenzen dieser Winkel sind Null: $d\theta = 0$; $d\phi = 0$. Für radiale Bewegungen gilt daher Gleichung (5.6) also die Formel:

$$ds^2 = \frac{dr^2}{1 - \frac{R_S}{r}} - \left(1 - \frac{R_S}{r}\right) c^2 dt^2. \tag{5.6}$$

6.2.1. Die Steigung der Lichtweltlinien

Für zwei infinitesimal benachbarte Ereignisse einer Lichtweltlinie gilt $ds^2 = 0$. Wir setzen also zum Lösen der Gleichung $ds^2 = 0$ in die vereinfachte Schwarzschild-Metrik ein:

$$0 = \frac{dr^2}{1 - \frac{R_S}{r}} - \left(1 - \frac{R_S}{r}\right) c^2 dt^2.$$

Die Steigung der radialen Lichtweltlinien im r-ct-Diagramm an der Stelle r ist gegeben durch $\frac{d(ct)}{dr}$. Also berechnen wir $\frac{d(ct)}{dr}$:

$$\left(1 - \frac{R_S}{r}\right) c^2 dt^2 = \frac{dr^2}{1 - \frac{R_S}{r}};$$

$$\frac{c^2 dt^2}{dr^2} = \frac{1}{\left(1 - \frac{R_S}{r}\right)^2};$$

$$\frac{cdt}{dr} = \pm \frac{1}{1 - \frac{R_S}{r}}.$$

6.2.2. Die Geschwindigkeit radial laufender Lichtsignale

Die Weltlinien der Lichtsignale verlaufen in der Außenraumzeit des Schwarzen Lochs steiler als in der Minkowski-Welt, und zwar um so steiler, je näher die Linie dem Rand des Schwarzen Lochs

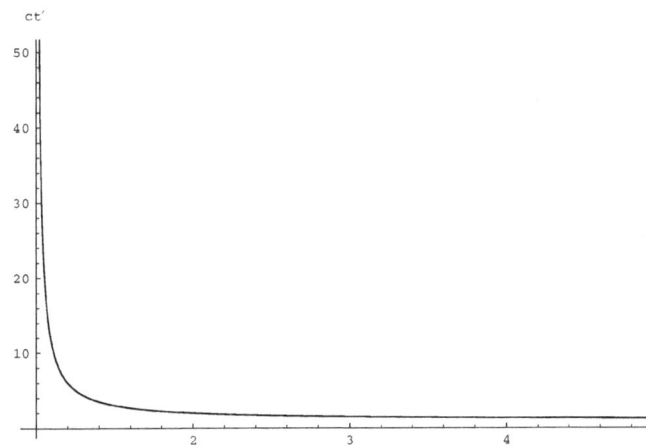

Abbildung 6.1.: Steigung der Lichtweltlinien vor dem Schwarzen Loch (r in Einheiten des Schwarzschildradius)

ist. Das Licht läuft also um so langsamer, je näher es dem Rand des Schwarzen Lochs gekommen ist, es gilt:

$$\frac{dr}{dt} = \pm \left(1 - \frac{R_S}{r}\right) c. \tag{6.1}$$

In dem Maße, in dem eine Lichtweltlinie sich dem Rand des Schwarzen Lochs nähert, strebt ihre Steigung gegen unendlich. Die Geschwindigkeit eines Lichtsignals strebt also gegen Null, wenn sich das Lichtsignal dem Rand des Schwarzen Lochs nähert, kurz: $\frac{dr}{dt} \to 0$ für $r \to R_S$. Sofern Sie sich jetzt wundern, da wir im Abschnitt (2.2.4) bewiesen haben, dass die Lichtgeschwindigkeit im Vakuum überall gleich groß ist, so ist das im Rahmen der Speziellen Relativitätstheorie auch richtig. Das zuvor berechnete Beispiel zeigt Ihnen, dass die Lichtgeschwindigkeit für einen weit entfernten Beobachter durch den Einfluss der Gravitation auf Raum und Zeit verlangsamt werden kann. Das ist ein Effekt der Allgemeinen Relativitätstheorie. Aber für einen Beobachter, der vor Ort frei fiele, wäre die dortige, lokal gemessene Lichtgeschwindigkeit von der Gravitation unbeeinflusst [Oha80].

Da fragen wir uns natürlich, wieviel Zeit das Licht aus dem Außenraum braucht, um den Rand des Schwarzen Lochs zu erreichen.

Wir kennen das zenonsche „Paradoxon" vom Wettlauf des Achilles mit der Schildkröte. Die Schildkröte hat beim Start einen Vorsprung. Wenn Achilles den Startpunkt der Schildkröte erreicht, ist diese schon ein Stückchen weiter. Dies wiederholt sich immer wieder. Jedes Mal, wenn Achilles den alten Standpunkt der Schildkröte erreicht, ist diese ihm ein Stückchen voraus. Scheinbar kann Achilles die Schildkröte nicht überholen.

Darum wollen wir auch hier vorsichtig sein und sagen, wir vermuten, das Licht brauche unendlich viel Koordinatenzeit im Schwarzschildschen Bezugssystem, um den Rand des Schwarzen Lochs zu erreichen.

6.3. Ein Lichtsignal auf dem Weg ins schwarze Loch

Wir berechnen nun im Bezugssystem der Schwarzschild-Koordinaten die Zeit, die ein Lichtsignal braucht, um vom Punkt mit den Koordinaten $r_1 = 2R_S$; $\theta_1 = \pi/2$; $\phi_1 = 0$ zum Punkt mit den Koordinaten $r_2 = R_S$; $\theta_2 = \pi/2$; $\phi_2 = 0$ zu gelangen. Gesucht ist die zugehörige Lichtlaufzeit $t_2 - t_1$.

Als Grundformel für die Berechnung nutzen wir Gleichung (6.1), die die Geschwindigkeit des Lichtes beschreibt:

$$\frac{dr}{dt} = \pm \left(1 - \frac{R_S}{r}\right) c. \qquad (6.1)$$

Also braucht ein Lichtsignal nach Gleichung (6.1) die Zeit

$$dt = \frac{\pm dr}{\left(1 - \frac{R_S}{r}\right)c},$$

um auf radialem Wege vom Ort mit der Koordinate r zum Ort mit der Koordinate $r + dr$ zu gelangen, wobei hier dr negativ ist. Wir erhalten die Laufzeit für den ganzen Weg, indem wir integrieren:

$$t_2 - t_1 = \int_{2R_S}^{R_S} \frac{-dr}{\left(1 - \frac{R_S}{r}\right)c} = -\frac{R_S}{c} \int_2^1 \frac{d\left(\frac{r}{R_S}\right)}{1 - \frac{R_S}{r}}.$$

Zur Übersicht substituieren wir $x := \frac{r}{R_S}$

$$-\frac{R_S}{c} \int_2^1 \frac{dx}{1 - \frac{1}{x}} = -\frac{R_S}{c} \int_2^1 \frac{x}{x-1} dx$$

$$= -\frac{R_S}{c} \int_2^1 \left(1 + \frac{1}{1-x}\right) dx.$$

Dieses Integral ist jedoch divergent, d.h.

$$t_2 - t_1 \to \infty.$$

Dieses Ergebnis hatten wir erwartet, und jetzt wissen wir es mit Gewissheit: Ein Lichtsignal braucht aus dem Außenraum bis an den Rand des Schwarzen Lochs unendlich viel Koordinatenzeit. Dabei kommt es nicht darauf an, aus welcher Anfangsentfernung vom Schwarzen Loch es kommt. Die unendlich lange Zeit vergeht bei der letzten Annäherung an den Rand des Schwarzen Lochs.

Nun suchen wir nach Koordinaten, in denen wir den Durchgang von Lichtteilchen durch den Rand des Schwarzen Lochs nachvollziehen können. Weil in Schwarzschild-Koordinaten die Lichtsignale vor dem Rand des Schwarzen Lochs immer langsamer werden und darum den Rand des Schwarzen Lochs nicht erreichen können, wollen wir nach Koordinaten suchen, in denen die Geschwindigkeit des Lichts vor dem Schwarzen Loch überall gleich groß ist, in denen die Weltlinien der Lichtsignale also überall die gleiche Steigung haben, Steigungen wie in der Minkowski-Welt: $+1$ oder -1.

6.4. Eine Differentialgleichung für die Schildkrötenkoordinate

Wir transformieren dazu die radiale Koordinate r in eine andere radiale Koordinate r^* und schreiben die Metrik als Term mit der neuen Koordinate r^* und ihrem Differential dr^* anstelle von r und dr, wobei wir dafür sorgen, dass die Weltlinien der Lichtteilchen nach der neuen Metrik gerade Linien mit den Steigungen $+1$ oder -1 sind. Wir beschränken uns darauf, die Transformationsgleichung als eine Gleichung für das Differential dr^* aufzustellen, also als eine Differentialgleichung für die neue Koordinate $r^* = f(r)$ als Funktion der alten Schwarzschildschen Koordinate r.

Damit die nächsten Schritte übersichtlich bleiben, kürzen wir ab:
$$\Phi := 1 - \frac{R_S}{r},$$
wonach wir erhalten:
$$\begin{aligned} ds^2 &= \frac{dr^2}{\Phi} - \Phi c^2 dt^2 \\ &= \Phi \left(\frac{dr^2}{\Phi^2} - c^2 dt^2 \right). \end{aligned}$$

Hier führte Wheeler 1955 eine neue radiale Koordinate r^* ein, und wir folgen ihm:
$$dr^* := \frac{dr}{\Phi}. \tag{6.2}$$

Für $r = R_S$ ist r^* nicht definiert, dort verschwindet der Nenner Φ in der Definitionsgleichung (6.2). So vereinfacht sich die Schwarzschild-Metrik zu einer neuen Metrik:

$$ds^2 = \Phi(dr^{*2} - c^2 dt^2). \tag{6.3}$$

Hierin müssen wir uns auch Φ transformiert vorstellen: Im Term $\Phi := 1 - \frac{R_S}{r}$ müssen wir uns die alte radiale Koordinate dr durch die neue radiale Koordinate dr^* ausgedrückt denken. Weil wir zunächst nur die Gleichung (6.2) zwischen r und r^* kennen, sind wir gezwungen, die Transformation von Φ zurückstellen, bis wir mehr über den Zusammenhang zwischen r und r^* wissen. Ansonsten ist die Metrik (6.3) das, was wir suchen: Für zwei Ereignisse, die sich durch ein Lichtsignal verbinden lassen, gilt $ds = 0$. Nach der neuen Form (6.3) der Metrik gilt also für zwei benachbarte, zueinander lichtartige Ereignisse:

$$c^2 dt^2 = dr^{*2}$$

für $r > R_S$, im Definitionsbereich von r^*. Dort gilt also

$$\frac{d(ct)}{dr^*} = \pm 1. \tag{6.4}$$

Definition (6.2) ist eine Differentialgleichung. Wir können sie umschreiben:

$$\frac{dr^*}{dr} = \frac{1}{1 - \frac{R_S}{r}} \tag{6.5}$$

6.4.1. Zur Lösung der Differentialgleichung

Nach dieser Differentialgleichung wollen wir die neue Koordinate r^* als Funktion der alten Koordinate r bestimmen. Wir bestimmen also $r^*(r)$ als Lösung der Differentialgleichung (6.5). Dazu bringen wir den Funktionsterm von Gleichung (6.5) in eine günstige Form:

$$\frac{dr^*}{dr} = \frac{r}{r - R_S} = \frac{r - R_S + R_S}{r - R_S} = 1 + \frac{R_S}{r - R_S} = 1 + \frac{1}{\frac{r}{R_S} - 1}.$$

Durch Integration ergibt sich daraus die Lösung:

$$r^* = r + R_S \ln\left(\frac{r}{R_S} - 1\right) + C. \qquad (6.6)$$

Die Konstante C ist noch frei wählbar. Sie beschreibt die Lage des Ursprungs im r^*-ct-Koordinatensystem. Wir setzen sie einfach gleich Null und sehen nach, wo der Koordinatenursprung liegt. So haben wir die neue radiale Koordinate r^* als Term mit der alten Koordinate r für $r > R_S$ dargestellt:

$$r^* = r + R_S \ln\left(\frac{r}{R_S} - 1\right). \qquad (6.7)$$

Diese Koordinate r^* nennt man Schildkrötenkoordinate mit Bezug auf das Zenonsche Paradoxon.

6.4.2. Diskussion der gefundenen Lösung

Aufgabe 1: Lösen Sie eine Wertetabelle mit r^* und r

Damit Sie ein Gefühl für die neue Variable r^* gewinnen, schlagen wir vor, dass Sie r^* zu einigen Werten der alten Variablen r berechnen. Damit Sie wissen, wohin wir den Ursprung des Koordinatensystems gelegt haben, sollten Sie auch einmal umgekehrt die Schwarzschildkoordinaten zum Wert $r^* = 0$ der Wheelerschen Koordinate als Lösung der einer transzendenten Gleichung bestimmen.

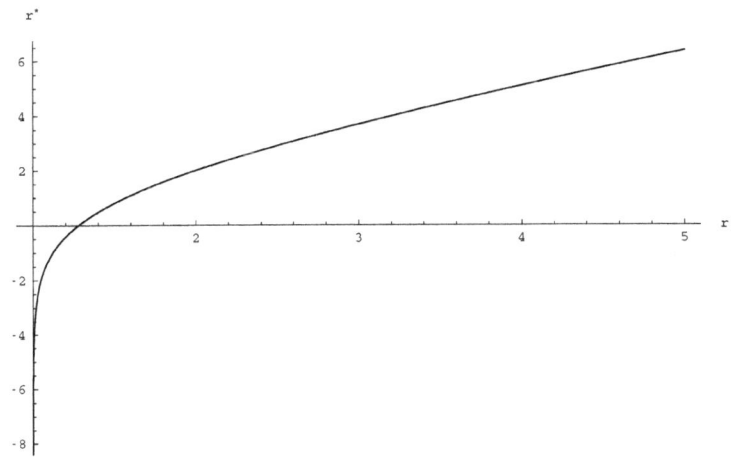

Abbildung 6.2.: Die Koordinate r^* in Einheiten des Schwarzschild-Radius

r	r^*
$1,000001 R_S$	
$1,0001 R_S$	
$1,01 R_S$	
$1,2734645 R_S$	
$2 R_S$	
$5 R_S$	
$10 R_S$	
$10000 R_S$	

Wir empfehlen Ihnen am besten damit zu beginnen, den r^*-Wert zu $r = 2R_S$ zu berechnen. Die Nebenrechnungen dazu können Sie im Kopf ausführen. Die Formel

$$x_{n+1} = x_n - \frac{f(x_n)}{f'(x_n)}$$

gibt Ihnen schrittweise eine Näherung nach der anderen, die Näherungen x_n streben gegen die gesuchte Nullstelle $x_{\text{Nullstelle}}$ von $f(x)$: $x_n \to x_{\text{Nullstelle}}$.

Aufgabe 2: Die Weltlinien von Lichtsignalen

Die neue Metrik (6.3) ist uns sympathisch, weil sie uns erlaubt, im r^*-ct-Diagramm die Weltlinien von Lichtsignalen durch einfache Gleichungen mit einfachen Graphen zu beschreiben. Das wollen wir dreimal durchspielen:

1. Leiten Sie allgemein für die Weltlinie irgendeines radial vom Schwarzen Loch wegfliegenden Lichtsignals eine Gleichung zwischen den Koordinaten r^* und ct her. Geben Sie die entsprechende Gleichung für die Weltlinie eines radial auf das Schwarze Loch zufliegenden Lichtsignals an.

2. Zeichnen Sie in einem r^*-ct-Diagramm die Weltlinie eines Lichtsignals, das zur Zeit $t = 0$ am Ort $(x; y; z) = (2R_S; 0; 0)$ zum Schwarzen Loch hin emittiert wird. Begründen Sie den Verlauf der Weltlinie.

3. Überlegen Sie sich, wieviel Zeit t vergeht, bis das Lichtsignal im System der Koordinaten r^* und ct den Rand des Schwarzen Loches bei $x = R_S$ erreicht hat. Wir schließen hier aus, dass das Lichtsignal unterwegs absorbiert wird.

Musterlösung zur Wertetabelle

r	r^*
$1,000001R_S$	$-12,81550R_S$
$1,0001R_S$	$-8,2102404R_S$
$1,01R_S$	$-3,5951702R_S$
$1,2784645R_S$	0
$2R_S$	$2R_S$
$5R_S$	$6,3862944R_S$
$10R_S$	$12,197225R_S$
$10000R_S$	$10009,210R_S$

Musterlösungen zu den Weltlinien von Lichtsignalen

1. a) **Anschauliche Argumentation:** Im r^*-ct-Diagramm hat die Weltlinie eines Lichtsignals, das sich radial vom Schwarzen Loch entfernt, die Steigung $+1$. Die Weltlinie hat ihren Anfang im Emissionsbereich des Lichtsignals. Vom zugehörigen Punkt des r^*-ct-Diagramms reicht die Weltlinie bis zum Absorbtionsereignis des Lichtsignals, falls es irgendwann einmal absorbiert wird. Andernfalls reicht die Weltlinie bis zu unendlich großen r^*- und ct-Werten. Eine solche Halbgerade mit der Steigung 1 ist der Graph einer linearen Funktion der unabhängigen Variablen r^* und der abhängigen Variablen ct mit der Funktionsgleichung:

$$ct = r^* + C,$$

wobei C eine Konstante ist, die aus dem Emissions- oder Absorptionsereignis bestimmt werden kann. Entsprechend erfüllen die Koordinaten r^* und ct der Weltlinie eines radial ins Schwarze Loch stürzenden Licht-

signals die Gleichung:
$$ct = -r^* + C.$$

b) **Lösung einer Differentialgleichung:** Wir fassen jede der beiden Gleichungen (6.4) als Differentialgleichung für je eine Funktion g auf. Diese Funktion g ordnet jeder Ortskoordinate r^* eindeutig eine Zeitkoordinate ct zu, ihre Funktionsgleichung ist: $ct = g(r^*)$, und den Funktionsterm $g(r^*)$ suchen wir. Für das auslaufende Lichtsignal gilt das obere Vorzeichen der Gleichung (6.4), wir haben also die Differentialgleichung $g'(r^*) = 1$ zu lösen. Welcher Ansatz löst diese Differentialgleichung? Natürlich $g(r^*) = r^*$. Die allgemeine Lösung ist $g(r^*) = r^* + C$. Darum lautet die allgemeine Lösung für die Gleichung der Weltlinie eines auslaufenden Lichtsignals im r^*-ct-Diagramm:
$$ct = r^* + C,$$
wobei die Integrationskonstante C aus dem Emissionsereignis, oder dem Absorptionsereignis, wenn gegeben, bestimmt werden kann. Entsprechend erfüllen die Koordinaten der Weltlinie eines radial einlaufenden Lichtsignals die Gleichung:
$$ct = -r^* + C.$$

2. Die Weltlinie eines ins Schwarze Loch einlaufenden Lichtsignals im r^*-ct-Diagramm: Die Weltlinie beginnt zur Zeit $t = 0$ am Ort $r^* = 2R_S$. Zu $r = 2R_S$ gehört $r^* = 2R_S$, wie in Aufgabe 1 ausgerechnet. Wegen Gleichung (6.4) zum unteren Vorzeichen hat die Weltlinie die Steigung -1, verläuft also unter dem Winkel $45°$ von rechts unten nach links oben.

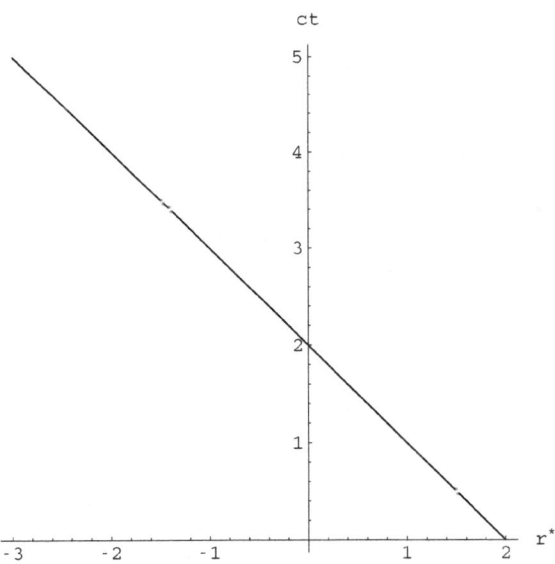

Abbildung 6.3.: Weltlinie eines Photons in der r^*-ct-Ebene in Einheiten des Schwarzschild-Radius

3. Gefragt ist hier eigentlich der Wertebereich der neuen Koordinate r^*. Wie weit reicht er nach links? Wir besinnen uns darauf, wie die neue Koordinate r^* durch die alte Schwarzschild-Koordinate r gegeben ist: $r^* = f(r)$, siehe Gleichung (6.7). Diese Funktion f vereinfachen wir, indem wir von ihren Variablen r^*, r zu neuen Variablen $x := \frac{r}{R_S}$; $y := \frac{r^*}{R_S}$ übergehen. Zwischen den neuen Variablen gilt die einfachere Gleichung $y = g(x) = x + \ln(x-1)$ für $x > 1$. Die Werte der streng monoton wachsenden Funktion $g : x \to g(x) =: y$ liegen zwischen $-\infty$ für $x \to 1$ und ∞ für $x \to \infty$, also liegen auch die Werte der streng monoton wachsenden Funktion $f : r \to r^* = f(r)$ zwischen $-\infty$ und ∞.

Wir müssen uns also die r^*-Achse nach links bis ins Unendliche fortgesetzt denken: Zu jedem r^* im Wertebereich der neuen Koordinate r^* von $-\infty$ bis ∞ gibt es eine Schwarzschild-Koordinate r außerhalb des Schwarzen Lochs, was Ihnen beim Rechnen an der Wertetabelle sicher aufgefallen ist. Darum endet die Weltlinie nirgends. Also übersteigt die Weltlinie nach links hin alle endlichen Werte der Schwarzschildschen Zeitkoordinate ct: In endlicher Koordinatenzeit kommt kein Lichtsignal am Ereignishorizont an, die Lichtsignale brauchen dafür unendlich viel Koordinatenzeit. Wir erkennen, was Ruffini und Wheeler meinten, als sie schrieben: „Time 'goes beyond infinity' just as Achilles goes beyond the tortoise in the famous paradox of Zeno" [RW71, S. 35]. Jenseits der Unendlichkeit an Schwarzschildscher Koordinatenzeit, die praktisch auch für uns vergeht, bis das Lichtsignal den Rand des Schwarzen Lochs erreicht, geht die Zeit weiter.

Auch in meinen Koordinaten braucht das Licht noch unendlich viel Zeit, um das Schwarze Loch zu erreichen.

7. Die Kruskal-Szekeres-Metrik

„Ein Standpunkt sollte nicht nur das sein, worauf man ständig stehen bleibt."
− Friedland Beutelrock −

Physikalische Themen: Kausalität und Licht-Weltlinien

7.1. Fortschritt unter Bewahrung des Erreichten

Wir freuen uns, dass wir im r^*-ct-Diagramm die Lichtweltlinien mit dem Lineal ziehen können. Das verdanken wir der günstigen Metrik nach dem Übergang von der Schwarzschild-Koordinate r zur Schildkrötenkoordinate r^*:

$$ds^2 = \left(1 - \frac{R_S}{r(r^*)}\right)(dr^{*2} - c^2 dt^2),$$

worin $r(r^*)$ nur implizit als Funktionsterm mit r^* definiert ist, und zwar nach Umkehrung der Gleichung

$$r^* = r + R_S \ln\left(\frac{r}{R_S} - 1\right). \tag{6.7}$$

Uns interessiert nun, wie sich die Lichtsignale durch den Ereignishorizont und weiter im Innenraum des Schwarzen Lochs bewegen. Schuld daran, dass wir die Lichtweltlinien nur bis zum Ereignishorizont zeichnen können, ist der Vorfaktor im Linienelement ds^2, der Faktor $\Phi := 1 - R_S/r(r^*)$ vor der Differenz $dr^{*2} - c^2 dt^2$: Weil

Φ eine Nullstelle bei $r = R_S$ hat, konnten wir r^* nur für $r > R_S$ definieren, also die Gleichung $d(ct)/dr^* = \pm 1$ nur für $r > R_S$ herleiten.

Darum wollen wir diesen Faktor Φ verwandeln, in einen Faktor transformieren, der uns nicht mehr ärgern kann und keine Nullstelle hat: in einen Faktor f^2, der überall positiv ist.

Um das zu erreichen, setzen wir die Koordinaten r^* und ct zu neuen Koordinaten $r^* + ct$ und $r^* - ct$ zusammen. Dies tat Eddington schon 1924 und Finkelstein 1958. Von diesen Zusammensetzungen $r^* + ct$ und $r^* - ct$ wollen wir zu zwei weiteren Koordinaten u und v übergehen, die wir zunächst auch nur als Zusammensetzungen erklären:

$$u + v := h(r^* + ct) ; \tag{7.1a}$$
$$u - v := g(r^* - ct) . \tag{7.1b}$$

Wir überzeugen uns davon, dass im Diagramm der so definierten Koordinaten u und v die Weltlinien der Lichtsignale gerade sind und die Steigung ± 1 haben, dass ds^2 also proportional zu $(du^2 - dv^2)$ ist:

$$ds^2 \sim (du^2 - dv^2).$$

Und wenn wir die Funktionen h und g gut gewählt haben, erhalten wir als neues Linienelement:

$$ds^2 = f^2(u,v)(du^2 - dv^2), \tag{7.2}$$

wobei $f^2(u,v) > 0$ für alle beteiligten Werte von u und v gilt. Und wir sehen im u-v-Diagramm, wie Lichtsignale durch den Ereignishorizont ins Innere des Schwarzen Lochs einfliegen und wie sie im Innern weiterfliegen.

Wir werden auch Überraschungen erleben: Wir werden ein Gegenuniversum und ein Weißes Loch finden und sehen, dass Lichtsignale aus dem Gegenuniversum ins Schwarze Loch fliegen könnten. Zugleich werden wir aber erkennen, dass es keinen Weg für die Lichtsignale und erst recht nicht für Materie gibt, aus dem anderen Universum in unseres zu gelangen oder umgekehrt aus unserem Universum in das andere.

Um all das zu sehen, müssen wir die Differentiale der alten Koordinaten r^* und ct in die Differentiale der zuletzt genannten Koordinaten u und v verwandeln.

7.2. Gerade Lichtweltlinien im u-v-Diagramm

Mit dem Ansatz (7.2) ist der Weg zum Ziel vorgezeichnet: Es liegt nahe, $du^2 - dv^2$ durch $dr^{*2} - c^2 dt^2$ auszudrücken. Dazu bilden wir die Differentiale $d(u + v)$ und $d(u - v)$ (siehe Anhang B.3).

$$d(u + v) = \frac{\partial h(r^* + ct)}{\partial r^*} dr^* + \frac{\partial h(r^* + ct)}{\partial (ct)} d(ct); \quad (7.3a)$$

$$d(u - v) = \frac{\partial g(r^* - ct)}{\partial r^*} dr^* + \frac{\partial g(r^* - ct)}{\partial (ct)} d(ct). \quad (7.3b)$$

Die partiellen Ableitungen darin können wir nach der Kettenregel vereinfachen:

$$\frac{\partial h(r^* + ct)}{\partial r^*} = \frac{dh(r^* + ct)}{d(r^* + ct)} \frac{\partial (r^* + ct)}{\partial r^*} = h'(r^* + ct);$$

$$\frac{\partial g(r^* - ct)}{\partial r^*} = \frac{dg(r^* - ct)}{d(r^* - ct)} \frac{\partial (r^* - ct)}{\partial r^*} = g'(r^* - ct);$$

$$\frac{\partial h(r^* + ct)}{\partial (ct)} = \frac{dh(r^* + ct)}{d(r^* + ct)} \frac{\partial (r^* + ct)}{\partial (ct)} = h'(r^* + ct);$$

$$\frac{\partial g(r^* - ct)}{\partial (ct)} = \frac{dg(r^* - ct)}{d(r^* - ct)} \frac{\partial (r^* - ct)}{\partial (ct)} = -g'(r^* - ct).$$

So vereinfachen sich auch die Transformationsgleichungen (7.3):

$$du + dv = h'(r^* + ct)dr^* + h'(r^* + ct)d(ct)$$
$$= h'(r^* + ct)[dr^* + d(ct)];$$
$$du - dv = g'(r^* - ct)dr^* - g'(r^* - ct)d(ct)$$
$$= g'(r^* - ct)[dr^* - d(ct)].$$

Und wir können, wie wir uns vorgenommen haben, $du^2 - dv^2$ durch $dr^{*2} - c^2 dt^2$ ausdrücken:

$$du^2 - dv^2 = (du + dv)(du - dv)$$
$$= h'(r^* + ct)g'(r^* - ct)[dr^* + d(ct)][dr^* - d(ct)]$$
$$= h'(r^* + ct)g'(r^* - ct)(dr^{*2} - c^2 dt^2).$$

Wir kehren diese Beziehung um:

$$dr^{*2} - c^2 dt^2 = \frac{1}{h'(r^* + ct)g'(r^* - ct)}(du^2 - dv^2),$$

und setzen die Umkehrung in die Metrik mit der Schildkrötenkoordinate r^*, Gleichung (6.3), ein:

$$ds^2 = \frac{\Phi(r(r^*))}{h'(r^* + ct)g'(r^* - ct)}(du^2 - dv^2). \qquad (7.4)$$

In diesem Ausdruck müssen wir uns die Koordinaten r^* und ct als Funktionsterme von u und v denken: das Linienelement soll ja als Term in den neuen Koordinaten u und v sowie ihren Differenzen du und dv gegeben sein.

Das heißt nicht, dass diese Funktionsterme zu bekannten Funktionen gehören müssen: Die Schwarzschild-Koordinate r kann nicht explizit zur Schildkrötenkoordinate r^* angegeben werden, sondern nur implizit – als Lösung einer transzendenten Gleichung.

Eben darin bestand die Schwierigkeit, die Schwarzschild-Koordinate r zum Wert der Schildkrötenkoordinate $r^* = 0$ zu berechnen für die Wertetabelle im Abschnitt 6.4.2.

Das Linienelement (7.4) beschreibt unendlich viele Metriken, je eine für jedes Paar von Funktionen h und g. In all diesen Metriken sehen die Weltlinien der Lichtsignale so aus wie in der Minkowski-Welt.

7.3. Lichtsignale geben Aufschlüsse über kausale Zusammenhänge

Wir suchen eine Metrik, die es erlaubt, die Lichtfortpflanzung in das Schwarze Loch hinein zu verfolgen, um zu sehen, von welchen Ereignissen Wirkungen auf welche Ereignisse ausgehen könnten.

Dazu müssen wir die Funktionen h und g so wählen, dass der Vorfaktor von $(du^2 - dv^2)$ im neuen Linienelement nirgendwo sein Vorzeichen wechselt, auch nicht an der Stelle $r = R_S$, wo der alte Vorfaktor $\Phi := 1 - \frac{R_S}{r}$ sein Vorzeichen ändert.

Dazu wollen wir erreichen, dass der Nenner $h'(r^*+ct)g'(r^*-ct)$ im Linienelement (7.4) einen Faktor enthält, der sein Vorzeichen an dieser Stelle $r = R_S$ wechselt und nirgendwo sonst, genau wie der alte Vorfaktor $\Phi := 1 - \frac{R_S}{r}$. Am besten konstruieren wir den Nenner als Produkt mit diesem Vorfaktor Φ. Dabei erinnern wir uns: Die Darstellung der Schildkrötenkoordinate r^* als Funktion der Schwarzschildkoordinate r enthält einen Term, der bei $r = R_S$ sein Vorzeichen wechselt,

$$r^* = r + R_S \ln\left(\frac{r}{R_S} - 1\right), \qquad (6.7)$$

und zwar den Term $\frac{r}{R_S} - 1$ im Argument des Logarithmus.

Dieser Term lässt sich als Produkt des alten Vorfaktors Φ mit

$\frac{r}{R_S}$ schreiben:
$$\frac{r}{R_S} - 1 = \Phi \cdot \frac{r}{R_S}.$$

Darum sollten wir es mit Exponentialfunktionen h und g versuchen, die ja dem Logarithmus sein Argument zuordnen als Umkehrung der Umkehrung, nach der Formel: $e^{\ln a} = a$. Also probieren wir den Ansatz

$$h(r^* + ct) = e^{\gamma \cdot (r^* + ct)}, \tag{7.5a}$$

$$g(r^* - ct) = e^{\gamma \cdot (r^* - ct)}. \tag{7.5b}$$

Hiernach sind die neuen Koordinaten u und v dimensionslos. Die Konstante γ ist ein Parameter, den wir geeignet festlegen können.

Rechnen wir also zum Festlegung von γ den Nenner des Linienelementes aus. Wegen

$$h'(r^* + ct) = \gamma e^{\gamma \cdot (r^* + ct)};$$
$$g'(r^* - ct) = \gamma e^{\gamma \cdot (r^* - ct)}$$

erhalten wir

$$h'(r^* + ct)g'(r^* - ct) = \gamma^2 e^{\gamma \cdot (r^* + ct)} e^{\gamma \cdot (r^* - ct)} = \gamma^2 e^{2\gamma r^*}.$$

Also gilt nach Gleichung (6.7):

$$h'(r^* + ct)g'(r^* - ct) = \gamma^2 e^{2\gamma \cdot \left[r + R_S \ln\left(\frac{r}{R_S} - 1\right)\right]}$$
$$= \gamma^2 e^{2\gamma r} e^{2\gamma R_S \ln\left(\frac{r}{R_S} - 1\right)}.$$

Uns kommt es darauf an, im Nenner des Linienelements, den wir ausrechnen, das Argument des Logarithmus, den Term $\frac{r}{R_S} - 1$, genau einmal als Faktor zu erhalten. Das erreichen wir genau dann, wenn $2\gamma R_S = 1$. Also legen wir γ entsprechend fest:

$$\gamma = \frac{1}{2R_S}. \tag{7.6}$$

Und so erhalten wir:

$$\begin{aligned}
h'(r^* + ct)g'(r^* - ct) &= \frac{1}{4R_S{}^2} e^{\frac{r}{R_S}} e^{\ln\left(\frac{r}{R_S}-1\right)} \\
&= \frac{1}{4R_S{}^2}\left(\frac{r}{R_S} - 1\right) e^{\frac{r}{R_S}} \\
&= \frac{1}{4R_S{}^2} \frac{r}{R_S}\left(1 - \frac{R_S}{r}\right) e^{\frac{r}{R_S}} \\
&= \frac{r}{4R_S{}^3} \Phi e^{\frac{r}{R_S}}.
\end{aligned}$$

Das setzen wir in den Ausdruck (7.4) für das Linienelement ein und bekommen:

$$ds^2 = \frac{4R_S{}^3}{r} e^{-\frac{r}{R_S}}(du^2 - dv^2). \qquad (7.7)$$

Diese Metrik fanden Kruskal und Szekeres unabhängig voneinander, Kruskal schon Mitte der fünfziger Jahre und Szekeres im Jahre 1960.

Sie hat nur noch eine Singularität, und zwar dort, wo wir sie erwarten, nämlich im Mittelpunkt des Schwarzen Lochs, bei $r = 0$. Aber um sie nicht falsch zu verstehen, müssen wir wissen, wie r von u und v abhängt.

Jetzt hat das Schwarze Loch nur noch eine Singularität, und zwar im Mittelpunkt.

8. Mutabor: Transformationsformeln

> „Wer von dem Pulver in dieser Dose schnupft und dazu spricht: *mutabor*, der kann sich in jedes Tier verwandeln und versteht auch die Sprache der Tiere."
>
> – Wilhelm Hauff: Kalif Storch –

Physikalische Themen: Kausaler Zusammenhang der innerhalb und außerhalb des Schwarzen Lochs gelegenen Ereignisse, Licht-Weltlinien

8.1. Eine Transformation der Raumzeit außerhalb des Schwarzen Lochs

Um die neuen Koordinaten u und v konkret als Terme mit den Koordinaten r und ct auszudrücken, schreiben wir sie zunächst als Terme mit den Koordinaten r^* und ct. Über die Gleichungen (7.1) erhalten wir allgemein für beliebige Funktionen h und g:

$$2u = h(r^* + ct) + g(r^* - ct);$$
$$2v = h(r^* + ct) - g(r^* - ct).$$

Speziell für die Exponentialfunktionen der Gleichungen (7.5) folgt daraus:

$$2u = e^{\gamma(r^* + ct)} + e^{\gamma(r^* - ct)};$$
$$u = e^{\gamma r^*} \frac{e^{\gamma ct} + e^{-\gamma ct}}{2};$$

und

$$2v = e^{\gamma(r^*+ct)} - e^{-\gamma(r^*-ct)};$$
$$v = e^{\gamma r^*}\frac{e^{\gamma ct} - e^{-\gamma ct}}{2}.$$

Wir erkennen hier die Terme der Hyperbelfunktionen cosh und sinh (siehe Anhang B.2), und können kürzer schreiben:

$$u = e^{\gamma r^*}\cosh(\gamma ct);$$
$$v = e^{\gamma r^*}\sinh(\gamma ct).$$

Drücken wir die Schildkrötenkoordinate r^* durch die Schwarzschild-Koordinate r nach Gleichung (6.7) aus, erhalten wir für $r > R_S$:

$$u = e^{\gamma\left[r+R_S\ln\left(\frac{r}{R_S}-1\right)\right]}\cosh(\gamma ct);$$
$$v = e^{\gamma\left[r+R_S\ln\left(\frac{r}{R_S}-1\right)\right]}\sinh(\gamma ct).$$

Speziell für den in Gleichung (7.6) gewählten γ-Wert erhalten wir

$$u = e^{\frac{r}{2R_S}}e^{\frac{1}{2}\ln\left(\frac{r}{R_S}-1\right)}\cosh\frac{ct}{2R_S};$$
$$v = e^{\frac{r}{2R_S}}e^{\frac{1}{2}\ln\left(\frac{r}{R_S}-1\right)}\sinh\frac{ct}{2R_S}.$$

Nach der Potenzregel $a^{bc} = (a^b)^c$ gilt dann:

$$u = e^{\frac{r}{2R_S}}\left\{e^{\ln\left(\frac{r}{R_S}-1\right)}\right\}^{\frac{1}{2}}\cosh\frac{ct}{2R_S};$$
$$v = e^{\frac{r}{2R_S}}\left\{e^{\ln\left(\frac{r}{R_S}-1\right)}\right\}^{\frac{1}{2}}\sinh\frac{ct}{2R_S};$$

und damit:

$$u = \sqrt{\frac{r}{R_S} - 1}\, e^{\frac{r}{2R_S}} \cosh \frac{ct}{2R_S} \quad \text{für } R_S < r < \infty; \quad (8.1\text{a})$$

$$v = \sqrt{\frac{r}{R_S} - 1}\, e^{\frac{r}{2R_S}} \sinh \frac{ct}{2R_S} \quad \text{für } R_S < r < \infty. \quad (8.1\text{b})$$

So können wir zu jedem Ereignis der r-ct-Halbebene, soweit es außerhalb des Schwarzen Lochs geschieht, ein nach den Gleichungen (8.1) zugehöriges Ereignis der u-v-Ebene explizit angeben.

Das Definitionsgebiet der Gleichungen dieser Transformation $(r; ct) \mapsto (u; v)$, das Gebiet ihrer Urbilder, also der Teil der r-ct-Halbebene, dessen Ereignisse außerhalb des Schwarzen Lochs stattfinden, ist die allseitig offene Halbebene rechts von der Geraden $r = R_S$. Wir wollen sehen, wo die zugehörigen Bilder in der u-v-Ebene liegen.

Wir bestimmen daher einen echten Teilbereich der u-v-Ebene, in den der Bereich $R_S < r < \infty$; $-\infty < ct < \infty$ der r-ct-Ebene durch die Transformation nach den Gleichungen (8.1) abgebildet wird.

Dazu vergleichen wir die Beträge und Vorzeichen der u- und v-Koordinaten. Um uns kürzer ausdrücken zu können, identifizieren wir die Koordinatenpaare $(u; v)$ mit den zugehörigen Punkten der u-v-Ebene. Nach Gleichung (8.1a) ist u für alle r und ct der Urbildmenge positiv, die Bildpunkte $(u; v)$ der Transformation (8.1) liegen also in der rechten Halbebene der u-v-Ebene. Das Vorzeichen von v hängt von der Schwarzschildzeit t ab.

Ganz allgemein gilt $\sinh x| < \cosh x$ für alle $x \in \mathbb{R}$, also gilt nach den Gleichungen (8.1): $|v| < u$. Geometrisch bedeutet $u = |u|$ den Abstand des Bildpunkts $(u; v)$ von der v-Achse, und $|v|$ bedeutet den Abstand des Punkts von der u-Achse. Der Bildpunkt $(u; v)$ ist also der waagerechten u-Achse näher als der senkrechten v-Achse. Das heißt, der Punkt $(u; v)$ liegt in der rechten Halbebene unterhalb der Geraden $v = u$ und oberhalb der Geraden $v = -u$.

Mit anderen Worten: Der Winkel des Radiusvektors des Bildpunkts $(u;v)$ gegen die u-Achse liegt zwischen $-45°$ und $45°$, wobei $-45°$ und $45°$ ausgeschlossen sind. Nennen wir diesen Winkel auch hier, in der u-v-Ebene, das Azimut des Punktes, so können wir uns etwas kürzer ausdrücken:

Satz 8.1 *Für die Azimute ϕ der Bilder $(u;v)$ nach den Gleichungen (8.1) gilt: $-45° < \phi < 45°$ ausschließlich.*

Um uns im folgenden kürzer ausdrücken zu können, übernehmen wir den Sprachgebrauch einiger Experten:

Definition 8.1 (Quadrant) *Wir nennen das Gebiet zum Azimut zwischen $-45°$ und $45°$ der u-v-Ebene den Quadranten I (während doch sonst das Gebiet um das Azimut zwischen 0 und $90°$ der Quadrant I heißt).*

Es gilt also

Satz 8.2 *Alle Bilder $(u;v)$ der Transformationsgleichungen (8.1) liegen im offenen Quadranten I.*

Ob alle Ereignisse dieses offenen Quadranten auch Bildpunkte der Transformation (8.1) sind, ist damit nicht gesagt.

8.2. Eine Transformation der Raumzeit im Inneren des Schwarzen Loches

Die Transformationsgleichungen (8.1) für die Außenraumzeit, für deren Ortskoordinate r $R_S < r < \infty$ gilt, erhielten wir, indem wir in einem ersten Schritt die radiale Schwarzschild-Koordinate r durch die Schildkrötenkoordinate r^* ersetzten und in einem zweiten Schritt diese Koordinate zusammen mit der zeitlichen Schwarzschild-Koordinate ct in die Kruskal-Szekeres-Koordinaten u und v umwandelten, mit dem Ziel, bei der Koordinatentransformation das Linienelement in die Form $f^2(u,v)(du^2 - dv^2)$ mit einem überall positiven Vorfaktor $f^2(u,v)$ zu überführen.

Statt der beiden kleineren Schritte hätten wir für die Außenraumzeit in einem einzigen größeren Schritt ansetzen können:

$$u + v = e^{\gamma\left[r + R_S \ln\left(\frac{r}{R_S} - 1\right) + ct\right]} \quad \text{für } R_S < r < \infty; \tag{8.2a}$$

$$u - v = e^{\gamma\left[r + R_S \ln\left(\frac{r}{R_S} - 1\right) - ct\right]} \quad \text{für } R_S < r < \infty, \tag{8.2b}$$

(siehe die Gleichungen (7.1), (7.5) und (6.7)).

Für die Innenraumzeit, die Raumzeit, für deren Koordinate r $0 < r < R_S$ gilt, ist diese Transformation ungeeignet, schon weil es den Logarithmus einer negativen Zahl nicht gibt. Eine dort definierte Transformation erhalten wir zum Beispiel, wenn wir das Vorzeichen des Arguments des Logarithmus umkehren. Versuchen wir es mit dem Ansatz

$$u + v = e^{\gamma\left[r + R_S \ln\left(1 - \frac{r}{R_S}\right) + ct\right]}; \tag{8.3a}$$

$$u - v = e^{\gamma\left[r + R_S \ln\left(1 - \frac{r}{R_S}\right) - ct\right]}. \tag{8.3b}$$

Ob diese Transformation die Schwarzschild-Metrik in die Kruskal-Szekeres-Metrik überführt, müssen wir ausprobieren. Ist das nicht der Fall, müssen wir einen anderen Ansatz suchen.

Zur Verifikation schließen wir aus den Gleichungen (8.3) auf die entsprechenden Gleichungen zwischen den totalen Differentialen (siehe Anhang B.4):

$$\begin{aligned}du + dv &= \gamma\left[1 + R_S\frac{1}{1-\frac{r}{R_S}}\left(-\frac{1}{R_S}\right)\right]e^{\gamma\left[r+R_S\ln\left(1-\frac{r}{R_S}\right)+ct\right]}dr \\ &\quad + \gamma e^{\gamma\left[r+R_S\ln\left(1-\frac{r}{R_S}\right)+ct\right]}cdt \\ &= \gamma\frac{1-\frac{r}{R_S}-1}{1-\frac{r}{R_S}}e^{\gamma\left[r+R_S\ln\left(1-\frac{r}{R_S}\right)+ct\right]}dr \\ &\quad + \gamma e^{\gamma\left[r+R_S\ln\left(1-\frac{r}{R_S}\right)+ct\right]}cdt \\ &= \gamma e^{\gamma\left[r+R_S\ln\left(1-\frac{r}{R_S}\right)+ct\right]}\left(\frac{1}{1-\frac{R_S}{r}}dr + cdt\right). \end{aligned} \qquad (8.4)$$

Um den entsprechenden Ausdruck für $du - dv$ zu erhalten, brauchen wir diese Schritte nicht alle zu wiederholen. Es genügt, im Ergebnis für $du + dv$ den Parameter c durch $-c$ zu ersetzen:

$$du - dv = \gamma e^{\gamma\left[r+R_S\ln\left(1-\frac{r}{R_S}\right)-ct\right]}\left(\frac{1}{1-\frac{R_S}{r}}dr - cdt\right). \qquad (8.5)$$

Indem wir $du + dv$ mit $du - dv$ multiplizieren, erhalten wir nach der 3. binomischen Formel

$$du^2 - dv^2 = \gamma^2 e^{2\gamma\left[r+R_S\ln\left(1-\frac{r}{R_S}\right)\right]}\left(\frac{1}{\left(1-\frac{R_S}{r}\right)^2}dr^2 - c^2 dt^2\right).$$

Wir setzen den nach Gleichung (7.6) für γ gewählten Wert ein und vereinfachen:

$$du^2 - dv^2 = \frac{1}{4R_S{}^2} e^{\frac{r}{R_S}} e^{\ln\left(1-\frac{r}{R_S}\right)} \left(\frac{1}{\left(1-\frac{R_S}{r}\right)^2} dr^2 - c^2 dt^2 \right)$$

$$= \frac{1}{4R_S{}^2} e^{\frac{r}{R_S}} \left(1 - \frac{r}{R_S}\right) \left(\frac{1}{\left(1-\frac{R_S}{r}\right)^2} dr^2 - c^2 dt^2 \right)$$

$$= -\frac{1}{4R_S{}^2} \frac{r}{R_S} e^{\frac{r}{R_S}} \left(1 - \frac{R_S}{r}\right) \left(\frac{1}{\left(1-\frac{R_S}{r}\right)^2} dr^2 - c^2 dt^2 \right)$$

$$= -\frac{r}{4R_S{}^3} e^{\frac{r}{R_S}} \left\{ \frac{1}{1-\frac{R_S}{r}} dr^2 - \left(1 - \frac{R_S}{r}\right) c^2 dt^2 \right\}.$$

Zwischen den geschweiften Klammern erkennen wir das Linienelement ds^2 der Schwarzschild-Metrik. Also geht die Schwarzschild-Metrik in folgende Metrik über:

$$du^2 - dv^2 = -\frac{r}{4R_S{}^3} e^{\frac{r}{R_S}} ds^2. \qquad (8.6)$$

Daraus folgt:

$$ds^2 = -\frac{4R^3}{r} e^{-\frac{r}{R}} (du^2 - dv^2). \qquad (8.7)$$

Diese Metrik ist nicht die Kruskal-Szekeres-Metrik (siehe Gleichung (7.7)), unser Ansatz erfüllt nicht, was wir von ihm erhofften. Aber wir sind nahe am Ziel: die nach dem Ansatz transformierte Metrik unterscheidet sich nur im Vorzeichen von der Kruskal-Szekeres-Metrik.

Ein neuer Versuch

Wir haben sogar zwei Möglichkeiten, den Ansatz (8.3) so abzuändern, dass er die Schwarzschild-Metrik der Innenraumzeit in die Kruskal-Szekeres-Metrik überführt. Wir können in den Gleichungen (8.3) das Vorzeichen von $u-v$ ändern oder das von $u+v$. Beginnen wir mit der ersten Möglichkeit:

$$u + v = e^{\gamma\left[r+R_S \ln\left(1-\frac{r}{R_S}\right)+ct\right]}; \tag{8.8a}$$

$$u - v = -e^{\gamma\left[r+R_S \ln\left(1-\frac{r}{R_S}\right)+ct\right]}. \tag{8.8b}$$

Aus dem „Verifikationsversuch" des Ansatzes (8.3) übernehmen wir Zwischenergebnisse: für $du + dv$ den Term (8.4) ohne Änderungen, für $du - dv$ den Term (8.5) mit entgegengesetztem Vorzeichen, also für $du^2 - dv^2$ den Term (8.6) auch mit entgegengesetztem Vorzeichen und für ds^2 den Term (8.7) auch mit entgegengesetztem Vorzeichen, die Kruskal-Szekeres-Metrik:

$$ds^2 = \frac{4R_S{}^3}{r}e^{-\frac{r}{R_S}}(du^2 - dv^2).$$

Transformieren wir also die Koordinaten nach dem Ansatz (8.8): Einmal addieren wir die Terme der Gleichungen (8.8), ein andermal subtrahieren wir sie voneinander. So erhalten wir

$$2u = e^{\gamma\left[r+R_S \ln\left(1-\frac{r}{R_S}\right)+ct\right]} - e^{\gamma\left[r+R_S \ln\left(1-\frac{r}{R_S}\right)-ct\right]}$$

und

$$2v = e^{\gamma\left[r+R_S \ln\left(1-\frac{r}{R_S}\right)+ct\right]} + e^{\gamma\left[r+R_S \ln\left(1-\frac{r}{R_S}\right)-ct\right]}.$$

Die Umformungen, die zu den Gleichungen (8.1) geführt hatten, ergeben hier

$$u = \sqrt{1 - \frac{r}{R_S}}\, e^{\frac{r}{2R_S}} \sinh\left(\frac{ct}{2R_S}\right) \quad \text{für } 0 < r < R_S; \tag{8.9a}$$

$$v = \sqrt{1 - \frac{r}{R_S}}\, e^{\frac{r}{2R_S}} \cosh\left(\frac{ct}{2R_S}\right) \quad \text{für } 0 < r < R_S. \tag{8.9b}$$

Also können wir für $0 < r < R_S$ auch zu Ereignissen der r-ct-Halbebene, die im Inneren des Schwarzen Lochs geschehen, die zugehörigen Ereignisse der u-v-Ebene angeben.

Das Definitionsgebiet der Transformation nach den Gleichungen (8.9), das Gebiet der Urbilder, ist der durch $0 < r < R_S$; $-\infty < ct < \infty$ definierte, nach allen Seiten hin offene Streifen der r-ct-Halbebene, ein Streifen der Breite R_S, dessen Ereignisse sich innerhalb des Schwarzen Lochs abspielen. Wir wollen auch zu dieser Transformation das Bildgebiet in der u-v-Ebene kennen.

Dazu bestimmen wir einen echten Teilbereich der u-v-Ebene, in den der Bereich $0 < r < R_S$; $-\infty < ct < \infty$ der r-ct-Ebene durch die Transformation (8.9) abgebildet wird.

Der gesuchte Teilbereich soll alle Bildpunkte der Transformationsgleichungen (8.9) enthalten. Sie brauchen nicht abzusichern, dass jeder Punkt in ihm so ein Bildpunkt ist, sonst hätten wir im vorhergehenden Absatz statt des Wörtchens „in" das Wörtchen „auf" gebraucht.

Nach Gleichung (8.9b) ist v für alle r und ct der Urbildmenge positiv, also liegen die Bildpunkte $(u;v)$ der Transformation (8.9) in der oberen Halbebene der u-v-Ebene. Das Vorzeichen von u hängt von der Schwarzschildzeit t ab.

Weil $|\sinh x| < \cosh x$ für alle $x \in \mathbb{R}$, gilt nach den Gleichungen (8.9) $|u| < v$. Der Bildpunkt $(u;v)$ ist also der senkrechten v-Achse näher als der waagerechten u-Achse. Das heißt, der Punkt $(u;v)$ liegt in der oberen Halbebene oberhalb der Geraden $v = u$ und oberhalb der Geraden $v = -u$. Mit anderen Worten:

Satz 8.3 *Für die Azimute ϕ der Bilder $(u;v)$ nach den Gleichungen (8.9) gilt: $45° < \phi < 135°$. Die Bilder $(u;v)$ liegen alle im offenen Quadranten II, dem oberen der beiden Nachbarquadranten von I.*

Anmerkung 8.1 *Damit ist nicht gesagt, dass zu jedem Punkt* *dieses offenen Quadranten auch ein Urbild gehört, also ein Ereignis des Definitionsgebietes der Transformation 8.9.*

8.3. Eine zweite Transformation der Innenraumzeit

Eine Möglichkeit, die Innenraumzeit des Schwarzen Lochs in die u-v-Ebene abzubilden, wohlgemerkt unter Erhaltung des Linienelements, wenn auch nicht seiner Form, haben wir in den Gleichungen (8.8) verwirklicht. Sehen wir uns auch die zweite Möglichkeit an:

$$u + v = -e^{\gamma\left[r + R_S \ln\left(1 - \frac{r}{R_S}\right) + ct\right]}; \tag{8.10a}$$

$$u - v = e^{\gamma\left[r + R_S \ln\left(1 - \frac{r}{R_S}\right) - ct\right]}. \tag{8.10b}$$

Wieder bilden wir die Summe und die Differenz der Ausdrücke für $u + v$ und $u - v$. Diesmal erhalten wir:

$$2u = -e^{\gamma\left[r + R_S \ln\left(1 - \frac{r}{R_S}\right) + ct\right]} + e^{\gamma\left[r + R_S \ln\left(1 - \frac{r}{R_S}\right) - ct\right]};$$

$$2v = -e^{\gamma\left[r + R_S \ln\left(1 - \frac{r}{R_S}\right) + ct\right]} - e^{\gamma\left[r + R_S \ln\left(1 - \frac{r}{R_S}\right) - ct\right]};$$

also in vereinfachter Form:

$$u = -\sqrt{1 - \frac{r}{R_S}}\, e^{\frac{r}{2R_S}} \sinh \frac{ct}{2R_S} \quad \text{für } 0 < r < R_S; \tag{8.11a}$$

$$v = -\sqrt{1 - \frac{r}{R_S}}\, e^{\frac{r}{2R_S}} \cosh \frac{ct}{2R_S} \quad \text{für } 0 < r < R_S. \tag{8.11b}$$

Das ist eine zweite Möglichkeit, zu jedem Ereignis der r-ct-Halbebene, das innerhalb des schwarzen Lochs geschieht, ein Ereignis der u-v-Ebene explizit anzugeben. Die Koordinaten u und v unterscheiden sich von den entsprechenden Koordinaten u und v

nach den Transformationsgleichungen (8.9) genau in den Vorzeichen von u und v.

Das Definitionsgebiet der Transformationsgleichungen (8.11), die Menge der Urbilder der Transformation, ist auch das Definitionsgebiet der Transformationsgleichungen (8.9). Er ist der offene Streifen der Breite R_S der r-ct-Halbebene der Raumzeit, dessen Ereignisse innerhalb des Schwarzen Lochs geschehen. Natürlich wollen wir auch wissen, wo zu dieser Transformation das Bildgebiet in der u-v-Ebene liegt.

Hierzu bestimmen wir denjenigen Bereich der u-v-Ebene, in den der Bereich $0 < r < R_S$; $-\infty < ct < \infty$ der r-ct-Ebene durch die Gleichungen (8.11) abgebildet wird.

Weil sich die Koordinaten u und v, die wir über die Gleichungen (8.11) erhalten hatten, genau im Vorzeichen von den Koordinaten u und v unterscheiden, die wir nach den Gleichungen (8.9) erhalten, lässt sich jeder Bildpunkt $(u; v)$ der Transformation nach den Gleichungen (8.11) durch Spiegelung am Ursprung aus einem Bildpunkt $(u; v)$ der Transformation nach den Gleichungen (8.9) erzeugen:

Satz 8.4 *Für die Azimute ϕ der Bilder $(u; v)$ nach den Gleichungen (8.11) gilt: $-135° < \phi < -45°$. Die Bilder $(u; v)$ selbst liegen alle im offenen Quadranten IV, dem Scheitelquadranten von II.*

Die Innenraumzeit wird also nicht nur durch eine Transformation in die u-v-Ebene abgebildet, sondern durch zwei verschiedene Transformationen.

Da fragen wir uns, ob auch die Außenraumzeit auf zweierlei Weise in die u-v-Ebene abgebildet wird, mit dem Quadranten I als Bildmenge der ersten Transformation und dem Quadranten III als Bildmenge der zweiten.

8.4. Eine zweite Transformation der Außenraumzeit

Als wir den Weg von der Metrik in den Koordinaten r^* und ct zur Kruskal-Szekeres-Metrik suchten und fanden, setzten wir die frei wählbaren Funktionsterme $h(r^* + ct)$ und $g(r^* - ct)$ als Exponentialfunktionsterme an, siehe Gleichung (7.5):

$$h(r^* + ct) = e^{\gamma(r^*+ct)};$$
$$g(r^* - ct) = e^{\gamma(r^*-ct)}.$$

Uns hatte der Vorfaktor $\Phi = 1 - R_S/r$ des Linienelements in den Koordinaten r^* und ct gestört, denn er verschwindet bei $r = R_S$. Bei der Transformation der Koordinaten r^* und ct in die Koordinaten u und v erhielten wir einen neuen Vorfaktor

$$\frac{\Phi(r(r^*))}{h'(r^* + ct)g'(r^* - ct)},$$

siehe Gleichung (7.4). Nach dem genannten Exponentialfunktionsansatz enthielt der Nenner $h'(r^* + ct)g'(r^* - ct)$ des neuen Vorfaktors den alten Vorfaktor $\Phi := 1 - \frac{R_S}{r}$ als Faktor und wir konnten Φ wegkürzen. Jetzt, da wir nach einer weiteren Möglichkeit suchen, die Außenraumzeit in die u-v-Ebene abzubilden, finden wir es interessant zu wissen, dass wir zum Ansatz mit umgekehrten Vorzeichen von u und v den gleichen Nenner im neuen Vorfaktor

$$\frac{\Phi(r(r^*))}{h'(r^* + ct)g'(r^* - ct)}$$

erhalten. Nun zum Ansatz:

$$h(r^* + ct) = -e^{\gamma(r^*+ct)};$$
$$g(r^* - ct) = -e^{\gamma(r^*-ct)},$$

konkret zu den Gleichungen (8.2) mit umgekehrten Vorzeichen:

$$u+v = -e^{\gamma\left[r+R_S \ln\left(\frac{r}{R_S}-1\right)+ct\right]} \quad \text{für } R_S < r < \infty; \quad (8.12\text{a})$$

$$u-v = -e^{\gamma\left[r+R_S \ln\left(\frac{r}{R_S}-1\right)-ct\right]} \quad \text{für } R_S < r < \infty. \quad (8.12\text{b})$$

Zum vierten Mal lösen wir ein Gleichungssystem nach u und v auf:

$$2u = -e^{\gamma\left[r+R_S \ln\left(\frac{r}{R_S}-1\right)+ct\right]} - e^{\gamma\left[r+R_S \ln\left(\frac{r}{R_S}-1\right)-ct\right]};$$

$$2v = -e^{\gamma\left[r+R_S \ln\left(\frac{r}{R_S}-1\right)+ct\right]} + e^{\gamma\left[r+R_S \ln\left(\frac{r}{R_S}-1\right)-ct\right]}.$$

Hier erhalten wir

$$u = -\sqrt{\frac{r}{R_S}-1}\, e^{\frac{r}{2R_S}} \cosh\frac{ct}{2R_S} \quad \text{für } R_S < r < \infty; \quad (8.13\text{a})$$

$$v = -\sqrt{\frac{r}{R_S}-1}\, e^{\frac{r}{2R_S}} \sinh\frac{ct}{2R_S} \quad \text{für } R_S < r < \infty. \quad (8.13\text{b})$$

Das ist also eine zweite Möglichkeit, die Abbildung der Außenraumzeit in die u-v-Ebene explizit anzugeben. Wie für die Innenraumzeit unterscheiden sich die Koordinaten u und v der beiden Abbildungen genau in den Vorzeichen von u und v.

Das Urbildgebiet der Transformation $(r;ct) \mapsto (u;v)$ nach den Gleichungen (8.13) ist auch das Urbildgebiet der Transformation nach den Gleichungen (8.1). Selbstverständlich wollen wir wieder wissen, wo zu dieser Transformation das Bildgebiet in der u-v-Ebene liegt.

Dazu bestimmen wir dasjenige Gebiet der u-v-Ebene, in das der Bereich $R < r < \infty$ der r-ct-Ebene durch die Transformationsgleichungen (8.1) abgebildet wird.

Weil sich die Transformation nach den Gleichungen (8.13) von der Transformation nach den Gleichungen (8.1) genau im Vorzeichen der Bilder unterscheidet, lässt sich der Bildbereich der

Transformation nach den Gleichungen (8.13) durch Inversion aus dem Bildbereich der Transformation nach den Gleichungen (8.1) erzeugen:

Satz 8.5 *Für die Azimute ϕ der Bilder $(u;v)$ nach den Gleichungen (8.13) gilt: $135° < \phi < -135°$. Die Bilder $(u;v)$ selbst liegen alle im offenen Quadranten III, dem Scheitelquadranten von I.*

8.5. Die Umkehrung der Transformationen

Um die gefundenen Transformationen besser zu verstehen, wollen wir sie umkehren, also r und ct zu gegebenen u und v bestimmen. Wir fassen für jeden der Quadranten I bis IV die Transformationsgleichungen als ein Gleichungssystem auf, das wir nach r und ct auflösen. Im ersten Schritt führen wir jeweils zwei Gleichungen für die zwei Unbekannten r und ct auf eine Gleichung für eine dieser Unbekannten zurück.

8.5.1. Die Berechnung der Zeitkoordinate ct

Wir eliminieren die Unbekannte r, indem wir die Quotienten $\frac{v}{u}$ beziehungsweise $\frac{u}{v}$ bilden. So erhalten wir jeweils eine Gleichung für ct allein, eine Gleichung ohne die andere Unbekannte r. Wir nutzen die Definition des Tangens hyperbolicus,

$$\tanh x := \frac{\sinh x}{\cosh x}$$

und erhalten

$$\frac{v}{u} = \tanh \frac{ct}{2R_S} \quad \text{für } (u;v) \in \text{I} \cup \text{III};$$
$$\frac{u}{v} = \tanh \frac{ct}{2R_S} \quad \text{für } (u;v) \in \text{II} \cup \text{IV}.$$

So bekommen wir:

$$ct = 2R_S \operatorname{artanh} \frac{v}{u} \quad \text{für } (u;v) \in \text{I} \cup \text{III}; \tag{8.14a}$$

$$ct = 2R_S \operatorname{artanh} \frac{u}{v} \quad \text{für } (u;v) \in \text{II} \cup \text{IV}. \tag{8.14b}$$

Damit haben wir die Schwarzschild-Koordinate ct explizit als Term mit den Kruskal-Szekeres-Koordinaten u, v dargestellt, allerdings hängt der Term vom Quadranten ab.

8.5.2. Die Berechnung der Ortskoordinate r

Die Zeitkoordinate ct eliminieren wir mit Hilfe der Beziehung

$$\cosh^2 x - \sinh^2 x = 1.$$

Dazu bilden wir $u^2 - v^2$ für die Transformationen, die in die Quadranten I und III hineinführen:

$$u^2 - v^2 = \left(\frac{r}{R_S} - 1\right) e^{\frac{r}{R_S}} \left(\cosh^2 \frac{ct}{2R_S} - \sinh^2 \frac{ct}{2R_S}\right) \tag{8.15}$$

$$\text{für } R_S < r < \infty. \tag{8.16}$$

Des weiteren bilden wir $v^2 - u^2$ für die Transformationen, die in die Quadranten II und IV zielen:

$$v^2 - u^2 = \left(1 - \frac{r}{R_S}\right) e^{\frac{r}{R_S}} \left(\cosh^2 \frac{ct}{2R_S} - \sinh^2 \frac{ct}{2R_S}\right) \tag{8.17}$$

$$\text{für } 0 < r < R_S. \tag{8.18}$$

Also gilt für alle vier Transformationen, egal in welchen Quadranten sie führen:

$$\left(\frac{r}{R_S} - 1\right) e^{\frac{r}{R_S}} = u^2 - v^2. \tag{8.19}$$

Nach Gleichung (8.19) wird jedem Bildpunkt $(u;v)$ einheitlich für alle vier Koordinatentransformationen ein Wert der Schwarzschild-Koordinate r zugeordnet, allerdings nur implizit über die Lösung einer Gleichung: Weil $f: \mathbb{R}_+ \to\,]{-}1;\infty[\ ;\quad x \mapsto (x-1)e^x$ eine streng monoton wachsende Funktion ist, lässt sich f umkehren, und die Umkehrfunktion f^{-1} ordnet jedem $(u^2 - v^2) \in\,]{-}1;\infty[$ eindeutig ein $\frac{r}{R} \in \mathbb{R}_+$ zu:

$$f\left(\frac{r}{R}\right) = u^2 - v^2 \quad\Leftrightarrow\quad \frac{r}{R} = f^{-1}(u^2 - v^2).$$

8.6. Deutung der Transformation

Durch unsere Transformation der Raumzeit wird die u-v-Ebene in vier Raumbereiche (die vier Quadranten) eingeteilt. Da die Weltlinien von Lichtsignalen in der u-v-Ebene Geraden mit der Steigung 1 sind, können zwar Lichtsignale von den Quadranten I und III, die dem Außenraum entsprechen, in den Quadranten II gelangen, aber nichts kann wieder hinaus, da dazu eine Geschwindigkeit oberhalb der Lichtgeschwindigkeit nötig wäre. Damit können wir den Quadranten II guten Gewissens als Schwarzes Loch auffassen.

In den Quadranten IV jedoch kann nichts hinein, allenfalls kann etwas entweichen. Genauer: Alles, was je in dem Quadranten IV war, muss diesen verlassen. Der Quadrant IV stellt also das genaue Gegenteil zum Schwarzen Loch dar. Wir bezeichnen ihn daher als „Weißes Loch". Ein solches Objekt wurde noch nie nachgewiesen, aber es ist interessant, dass es nicht undenkbar ist. Ein Weißes Loch ist also eine physikalische Möglichkeit.

Jetzt haben wir verstanden, es gibt ein Schwarzes Loch, in das alles hineingelangt, und ein Weißes Loch, in das niemals etwas hinein kann.

Teil III.
Quantenmechanik

9. Elementare Quantenmechanik

„Kurz zusammengefasst kann ich die ganze Tat als einen Akt der Verzweiflung bezeichnen. Denn von Natur aus bin ich friedlich und bedenklichen Abenteuern abgeneigt."
– Max Planck –

Physikalische Themen: Spin, Pauli-Verbot, Heisenbergsche Unschärferelation

9.1. Historischer Einstieg über die Wärmelehre

Es wird Sie vielleicht überraschen, dass sich die Wärmelehre sogar bei mäßigen Temperaturen nicht immer nur mit klassischer Physik erklären lässt. Sogar hier spielen Quanten eine Rolle. Auch auf Körper im Bereich unserer Umgebung wirken Quanteneffekte ein. Dass sich Quanteneffekte auch in der Wärmelehre auswirken, auch in Körpern mit sehr vielen Teilchen, zeigt die Elektronentheorie der Metalle: Über zwei Jahrzehnte lang, von 1905 bis 1926, war die spezifische Wärmekapazität der Metalle den Physikern ein Rätsel.

Zunächst wollen wir die spezifische Wärmekapazität definieren:

Definition 9.1 (spezifische Wärmekapazität) *Wird ein Körper erwärmt, so ergibt sich seine spezifische Wärmekapazität c als Verhältnis der übertragenen Wärme ΔQ zur Temperaturerhöhung*

ΔT des Körpers, geteilt durch die Masse M des Körpers, kurz:

$$c := \frac{\Delta Q}{M \Delta T}.$$

Anmerkung 9.1 *Die spezifische Wärmekapazität von Wasser ist außerordentlich groß, vier- bis fünfmal so groß wie die von Sand oder Stein. Für die gleiche Temperaturerhöhung braucht ein Kilogramm Wasser vier- bis fünfmal soviel Wärme wie ein Kilogramm Sand oder Stein. Das erklärt, warum an der Küste oder gar auf Inseln die Temperaturunterschiede zwischen Tag und Nacht und zwischen Sommer und Winter deutlich geringer ausfallen als auf dem Festland.*

Am Anfang dieses Jahrhunderts verstanden die Physiker nicht, warum die Leitungselektronen eines Metalls kaum Wärme aufnehmen, wenn das Metall erwärmt wird. Sie nehmen nicht einmal ein Hundertstel dessen auf, was sie nach der klassischen Elektronentheorie der Metalle aufnehmen sollten. Tatsächlich lässt sich die spezifische Wärme der Metalle mit klassischer Physik überhaupt nicht erklären, wohl aber mit Quantenphysik. Dies gelang Enrico Fermi 1926. Die Erklärung ist sogar eine einfache Folgerung aus den Grundlagen der Theorie. Doch um die Grundlagen der Quantentheorie zu verstehen, müssen wir wissen, was „Spin" ist.

9.2. Spin, Fermionen und Bosonen

Definition 9.2 (Spin) *Der Spin eines einfachen oder zusammengesetzten Teilchens ist derjenige Anteil des Teilchen-Drehimpulses, der nicht auf seine Bahnbewegung zurückgeführt werden kann. Der Spin ist also eine innere Eigenschaft eines Teilchens.*

Die Komponenten des Spinvektors sind, wie überhaupt die Komponenten jedes Drehimpulsvektors in der Quantentheorie, gequantelt.

Der größtmögliche Wert s einer Spinkomponente, dividiert durch $\hbar$ (siehe Abschnitt 9.3.1), heißt seine Spinquantenzahl oder Gesamtspinquantenzahl.

9.2.1. Die Spinquantenzahl

Diese Spinquantenzahl s kann für Teilchen einer Sorte, zum Beispiel für Elektronen, nur einen halbzahligen oder ganzzahligen Wert annehmen, genauer, nur einen der Werte:

$$0; \frac{1}{2}; 1; \frac{3}{2}.$$

Welche Werte die drei Spinkomponenten S_x, S_y, S_z, die drei Drehimpulskomponenten einer bestimmten Teilchensorte, z. B. des Elektrons, haben können, ist durch die Spinquantenzahl s der Teilchensorte festgelegt. Es sind $2s + 1$ verschiedene Werte, und zwar:

$$-s\hbar, (-s+1)\hbar, ..., (s-1)\hbar, s\hbar.$$

Beispiel 9.1
Betrachten wir das Elektron. Die Spinquantenzahl ist gleich 1/2. Darum können seine drei Spinkomponenten zwei verschiedene Werte haben, es sind die beiden Werte $\hbar/2$ und $-\hbar/2$. Von den drei Komponenten S_x, S_y, S_z kann jeweils nur eine gemessen werden. Jede folgende Messung einer anderen Spinkomponente ändert den Zustand des Elektrons so ab, dass die vorher gemessene Komponente völlig unbestimmt ist. Allgemein wird die z-Komponente des Spins als gemessen angesehen.

Definition 9.3 (Fermionen und Bosonen) *Teilchen mit halbzahliger Spinquantenzahl, also halbzahligen Spinkomponenten, hei-*

ßen Fermionen. *Teilchen mit ganzzahliger Spinquantenzahl, also ganzzahligen Spinkomponenten, heißen Bosonen.*

9.3. Grundpfeiler der Quantenmechanik

9.3.1. Der Welle-Teilchen-Dualismus

Historisches

Als Max Planck am 14. Dezember 1900 einen Vortrag vor der Deutschen Physikalischen Gesellschaft in Berlin hielt und dort die von ihm gefundene Formel

$$\varepsilon = h\nu$$

in der h eine von ihm neu eingeführte Konstante, ν die Frequenz und ε ein von Planck eingeführtes Energieelement ist, vorstellte, war die Quantentheorie geboren. Wegen dieser Entdeckung wird Max Planck auch als der Vater der Quantentheorie bezeichnet. Max Planck hatte hier mit h eine der wenigen echten Naturkonstanten entdeckt, die später auch nach ihrem Entdecker den Namen Plancksches Wirkungsquantum erhalten sollte.

Zu dem Zeitpunkt des Vortrages war man sich indes der Konsequenzen dieser Entdeckung nicht vollständig bewusst. Planck selbst schrieb in einem Brief an seinen englischen Kollegen Robert Williams Wood über die von ihm gefundene Relation $\varepsilon = h\nu$: „Das war eine rein formale Annahme, und ich dachte mir eigentlich nicht viel dabei, sondern nur eben das, daß ich unter allen Umständen, koste es was es wolle, ein positives Resultat herbeiführen müßte." [Her00, S.31 f.]

Erst viel später sollte Planck erkennen, dass er mit dieser Formel das Kontinuitätsprinzip gestürzt hatte, denn mit dem ε ließen sich nun Quantensprünge an Stelle stetiger Veränderungen durchführen.

Für seine Endeckung der Naturkonstanten h und der Quantenformel $\varepsilon = h\nu$ erhielt Max Planck 1918 den Nobelpreis für Physik.

Das Plancksche Wirkungsquantum

Das Plancksche Wirkungsquantum h ist eine der wenigen echten Naturkonstanten. Es spielt in vielen Formeln der Quantenmechanik eine große Rolle, z.B. in der Heisenbergschen Unschärferelation, siehe Abschnitt 9.3.3. Es gilt: $h = 6,62607556876 \cdot 10^{-34}$ Js.

Als sich herausstellte, dass h in der theoretischen Physik meist in der Form $\frac{h}{2\pi}$ auftritt, führte Dirac die Planck-Konstante $\hbar$ ein:

$$\hbar := \frac{h}{2\pi}.$$

Für $\hbar$ gilt: $\hbar = 1,054571596 \cdot 10^{-34}$ Js.

Die Quantenformel

Max Planck versuchte das Spektrum eines Schwarzen Körpers zu erklären. Dies gelang ihm nur durch die Annahme, dass Licht in Portionen der Energie $E = h\nu$ abgegeben wird. Diese Annahme, die zunächst nicht einmal er selbst wirklich ernst nahm, läutete den Beginn der Quantentheorie ein. Mit ihr konnte Einstein 1905 den Photoeffekt erklären, wofür er später den Nobelpreis erhielt. Bis zur Jahrhundertwende nahm man an, dass Licht eine Welle ist. Dies hatten auch diverse Experimente bestätigt, unter anderem die Interferenzmuster am Doppelspalt. Nach der von Planck gefundenen Formel $E = h\nu$ tritt das Licht jedoch in Portionen auf, in sogenannten Quanten. Der bereits erwähnte Photoeffekt ist ein Beweis dafür. Da jedoch weder die Beweise für die Annahme, dass Licht eine Welle ist, noch die Beweise für die Annahme, dass Licht ein Teilchen ist, widerlegen ließen, mussten die Wissenschaftler akzeptieren, dass ihre Definitionen von

Welle bzw. Teilchen nicht ausreichen, um das Wesen des Lichtes vollständig zu erfassen. Daher spricht man heute vom Welle-Teilchen-Dualismus, wenn man das Wesen des Lichtes beschreibt, denn Licht ist sowohl Welle als auch Teilchen. Diesen Effekt gibt es auch für alle anderen Teilchen, z.b. kann man auch bei Elektronen Beugungsmuster am Doppelspalt feststellen.

9.3.2. Das Paulische Ausschließungsprinzip

Historisches

Für die Entdeckung des Ausschließungsprinzips erhielt Wolfgang Pauli 1945 den Nobelpreis. Die Entdeckung fiel in Paulis Hamburger Jahre 1923–1928. In seinen Aufsätzen [Pau61] findet sich:

„Sehr bald nach meiner Rückkehr an die Universität Hamburg im Jahre 1923 hielt ich dort meine Antrittsvorlesung als Privatdozent über das Periodische System der Elemente. Der Inhalt dieser Vorlesung schien mir sehr unbefriedigend, da das Problem des Abschlusses der Elektronenschalen noch nicht weiter geklärt war." Im Herbst 1924: „Auf der Grundlage meiner früheren Ergebnisse über die Klassifikation der Spektralterme in einem starken magnetischen Feld wurde mir nun die allgemeine Formulierung des Ausschließungsprinzips klar." ... „Die Bekanntgabe dieser allgemeinen Formulierung geschah in Hamburg im Frühjahr 1925" ... „Mit Ausnahme der Sachverständigen in der Klassifikation von Spektraltermen fanden die Physiker das Ausschließungsprinzip schwer verständlich, da dem vierten Freiheitsgrad des Elektrons keine modellmäßige Bedeutung beigelegt war. Diese Lücke schloß Uhlenbecks und Goudsmits Gedanke des Elektronenspins" ... „Seitdem ist das Ausschließungsprinzip eng mit der Spinvorstellung verknüpft worden."

Das Paulische Ausschließungsprinzip

Satz 9.1 (Paulisches Ausschließungsprinzip) *Zwei gleichartige Fermionen können nicht zur gleichen Zeit im gleichen Zustand sein.*

Diese Aussage erinnert uns an die Erfahrung, dass zwei feste Körper nicht den gleichen Ort einnehmen können. Das Pauli-Verbot erklärt die Verteilung der Elektronen im Atom und erklärt das periodische System der Elemente, aus denen auch wir zusammengesetzt sind; kurz: ohne das Pauli-Verbot gäbe es uns nicht.

Das Pauli-Verbot gilt aber nicht für Bosonen, also nicht für Teilchen mit ganzzahligem Spin. So können viele Photonen zusammen im selben Zustand erzeugt werden, z.B. in Masern und Lasern. Bei Abkühlung eines Systems gleichartiger materieller Bosonen können sehr viele von ihnen gleichzeitig in den Grundzustand übergehen. Es kann zur Bose-Einstein-Kondensation kommen, einer typisch quantenphysikalischen Erscheinung.

Beispiel 9.2
Ein Paradebeispiel für die Bose-Einstein-Kondensation zeigen die ^{4}He-Atome, Helium-Atome der Massenzahl 4: Wird normales Helium unter $2,18$K abgekühlt, so nehmen immer mehr ^{4}He-Atome die Geschwindigkeit Null ein, bilden die Phase He II, die superfluide Phase, neben der Phase He I, der normalen Komponente. Andere schöne Beispiele bietet die Supraleitung: Nach der BCS-Theorie, der Theorie von Bardeen, Cooper und Schrieffer, ist die Supraleitfähigkeit mancher Metalle bei sehr tiefen Temperaturen als Bose-Einstein-Kondensation der Cooperpaare eines Metalls zu verstehen. Dass es für viele Arten von Bosonen keine Bose-Einstein-Kondensation gibt, erklärt sich aus der Wechselwirkung zwischen ihnen H_2-Moleküle kristallisieren zum Beispiel beim Abkühlen, weil sie sich gegenseitig anziehen.

9.3.3. Die Heisenbergsche Unschärferelation

Historisches

Das dritte Prinzip, das wir zum Aufbau der Quantenphysik der Elektronengase brauchen, ist das Heisenbergsche Unbestimmtheitsprinzip. Heisenberg erhielt 1932 den Nobelpreis für Physik für die Begründung der Quantenmechanik, also für die Entwicklung der Matrizenmechanik (1925) und die Entdeckung der Unschärferelation (1927), die er selbst als Unbestimmtheitsprinzip bezeichnete. Allerdings hat sich die Bezeichnung „Heisenbergsche Unschärferelation" durchgesetzt. Im September 1926 fuhren Schrödinger und Heisenberg zu Bohr nach Kopenhagen. Heisenberg blieb nach Schrödingers Abreise dort, um in den folgenden Monaten mit Bohr die physikalische Deutung der Quantenmechanik zu diskutieren. In dem Kapitel „Aufbruch in das neue Land" seines Buches „Der Teil und das Ganze. Gespräche im Umkreis der Atomphysik" [vor allem auf den Seiten 106–109], beschreibt Heisenberg [Hei69], wie nach ermüdenden Auseinandersetzungen Bohr im Februar 1927 nach Norwegen gefahren ist, um beim Skilaufen Abstand zu gewinnen; wie ihm selbst, Heisenberg, die Worte Einsteins einfielen: „Erst die Theorie entscheidet darüber, was man beobachten kann", wie er sich immer wieder fragte, auf welche Weise die Unbestimmtheiten des Orts und der Geschwindigkeit für ein Elektron in der Wilsonschen Nebelkammer zusammenhängen, und wie er schließlich auf einem nächtlichen Spaziergang die Lösung fand.

Die Heisenbergsche Unschärferelation

Als Folgerung der Quantenmechanik ergibt sich, dass sich der Ort und der Impuls eines Teilchens nicht gleichzeitig genau messen lassen. Vielmehr ist das Produkt der Unbestimmtheiten Δx und Δp_x der x-Komponenten des Ortes und des Impulses eines

Teilchens mindestens gleich dem Planckschen Wirkungsquantum h, das heißt, das Produkt erfüllt die Ungleichung

$$\Delta x \Delta p_x \geq \frac{\hbar}{2}.$$

Die Impulskomponente p_x ist dabei das Produkt von Masse M und Geschwindigkeitskomponente v_x.

Ist also die x-Komponente des Orts eines Teilchens mit der Unbestimmtheit Δx festgelegt, dann hat die x-Komponente p_x des Impulses mindestens die Unbestimmtheit, die durch die folgende Gleichung gegeben ist:

$$\Delta p_x = \frac{\hbar}{2\Delta x}. \tag{9.1}$$

Beispiel 9.3
Die Geschwindigkeitsunschärfe eines Elektrons zur Ortsunschärfe $\Delta x = 1$m. Nach Gleichung (9.1) berechnen wir die Mindestunschärfe der x-Komponente der Geschwindigkeit:

$$\Delta v_x = \frac{\hbar}{2M\Delta x} = \frac{1,1 \cdot 10^{-34} \text{kgm}^2}{2 \cdot 0,91 \cdot 10^{-30} \text{kgms}} = 6,0 \cdot 10^{-5} \frac{\text{m}}{\text{s}}.$$

Beispiel 9.4
Die Geschwindigkeitsunschärfe eines Elektrons zur Ortsunschärfe $\Delta x = 0,1 \mu$m Das ist die Größe der Staubteilchen im vorgeschlagenen „encounter protection system" der Sternensonde Daedalus: Auf dem Wege zu Barnards Pfeilstern soll eine dichte Staubwolke 200km vor der Sonde herfliegen, um Körper mit einer Masse bis zu einer halben Tonne auf dem Wege der Sonde mit der Geschwindigkeit der Sonde, also mit 38600kms^{-1}, zu treffen und so augenblicklich zu verdampfen. Die Elektronen dieser Staubpartikel haben eine Geschwindigkeits-Mindestunschärfe von $\Delta v_x = 0,6$kms^{-1}.

Den gleichen Effekt gibt es auch für die Zeit t und die Energie E, es gilt:
$$\Delta E \Delta t \geq \frac{\hbar}{2}.$$
Diesen Effekt werden wir später benötigen, um die Hawking-Strahlung Schwarzer Löcher zu berechnen.

Die Revolution der Jahrhundertwende:
Licht ist sowohl Welle als auch Teilchen.

10. Die Schrödinger-Gleichung

> „Sehr häufig, wenn jemand etwas neues wusste, etwa von Bohr aus Kopenhagen, dann standen alle um die Tafel herum. Pauli wurde gefragt, was er davon hielte; er legte es dann an der Tafel dar, aber andere unterbrachen ihn, und so ging es weiter. So versuchten wir, uns gemeinsam eine Meinung zu bilden."
> – Werner Heisenberg –

Physikalische Themen: Zustände und Observable in der Quantenmechanik, Lösungen der Schrödinger-Gleichung

10.1. Die Zustände eines Elektrons

Der Zustand eines Elektrons kann durch eine normierte komplexwertige Funktion des Ortes und der Zeit dargestellt werden, die quantenmechanische Wellenfunktion oder auch Psifunktion heißt, durch die Funktion

$$\Psi : \mathbb{R}^4 \to \mathbb{C}; (x;y;z;t) \mapsto \Psi(x,y,z,t).$$

Die Funktion soll auf Eins normiert sein, das heißt, für sie soll gelten:

$$\iiint \overline{\Psi}(x,y,z,t)\Psi(x,y,z,t)\,dx\,dy\,dz = 1 \quad \text{für alle } t. \qquad (10.1)$$

Die Integration soll über den ganzen Raum erstreckt werden, jedes der drei Integrale ist ein uneigentliches Integral, und $\overline{\Psi}(x,y,z,t)$

bedeutet den konjugiert komplexen Wert von $\Psi(x,y,z,t)$ (Zu den komplexen Zahlen siehe Anhang B.5).

Der Integrand ist also nirgends negativ, er kann darum als Dichte interpretiert werden. Schrödinger wollte ihn als reale Dichte (Dichte einer Elektronenwolke) verstanden wissen; das ist er aber nicht. Er ist die Dichte einer Wahrscheinlichkeit:

$$|\Psi(x,y,z,t)|^2 \, dx \, dy \, dz$$

ist die Wahrscheinlichkeit, das Elektron zur Zeit t zwischen x und $x + dx$, zwischen y und $y + dy$ und zwischen z und $z + dz$ anzutreffen. Nach der Normierung (10.1) gilt für alle Zeiten t:

$$0 \le |\Psi(x,y,z,t)|^2 \, dx \, dy \, dz \le 1.$$

Die Wahrscheinlichkeit, dass sich das Elektron irgendwo im ganzen Raum aufhält, ist nach Gleichung (10.1) gleich 1.

Diese Interpretation ist die Leistung von Max Born, der im wesentlichen dafür den Nobelpreis für Physik bekam, den einzigen Nobelpreis, der je für eine Interpretation verliehen wurde. Die hier beschriebene Darstellung der Zustände ergibt die Wahrscheinlichkeitsdichte für den Aufenthalt des Elektrons an einem Ort und nicht zum Beispiel bei einem Impuls, und darum heißt sie Ortsdarstellung.

Anmerkung 10.1 *Die Psifunktionen spannen einen unendlichdimensionalen Hilbertraum $\mathcal{H}$ auf, wie die Speichen eines Regenschirms die Schirmseide aufspannen. Die Summe zweier Funktionen Ψ und Φ ist wieder eine Funktion $\Psi + \Phi$ definiert als Summe der jeweiligen Funktionswerte. Das Produkt einer Funktion Ψ mit einer komplexen Zahl c ist auch eine Funktion $c\Psi$; und jedem Paar zweier Funktionen Ψ und Φ von x, y, z, t lässt sich eine komplexe Zahl zuordnen, nämlich*

$$\iiint \overline{\Psi}(x,y,z,t) \Phi(x,y,z,t) \, dx \, dy \, dz,$$

die wir als Skalarprodukt der beiden Funktionen Ψ und Φ in dieser Reihenfolge verstehen können. Jede Psifunktion ist also ein normierter Vektor eines Hilbertraums, und die Menge aller möglichen Zustände nach Messungen eines vollständigen Satzes von Observablen bildet eine orthonormierte Basis des Hilbertraums.

10.2. Observable

Jede messbare physikalische Größe, jede Observable, kann durch einen Hermiteschen Operator A im Hilbertraum dargestellt werden, also durch eine Zuordnungsvorschrift A, die jedem Hilbertraumvektor einen Hilbertraumvektor zuordnet, jeder Linearkombination von Psifunktionen wird eine Linearkombination von Psifunktionen zugeordnet, kurz eine Zuordnungsvorschrift

$$A : \mathcal{H} \to \mathcal{H}; \quad \Psi \to \Phi = A\Psi;$$

mit der Eigenschaft, dass für jede Psifunktion das folgende Integral eine reelle Zahl ist:

$$\iiint \overline{\Psi}(x,y,z,t) A \Psi(x,y,z,t)\, dx\, dy\, dz \in \mathbb{R} \quad \text{für alle } t.$$

Dass

Beispiel 10.1
Die x-Koordinate des Ortes ist eine Observable, ihr Hilbertraumoperator ist in der Ortsdarstellung einfach die Multiplikation mit x. Wir wollen die Operatoren mit großen Buchstaben bezeichnen, den Operator der x-Koordinate des Orts also mit X. So lautet seine Ortsdarstellung kurz $X = x$. Eine andere Observable ist die x-Koordinate des Impulses, ihr Hilbertraumoperator ist in der Ortsdarstellung die partielle Ableitung nach x, multipliziert mit $\frac{\hbar}{i}$, kurz:

$$P_x = \frac{\hbar}{i} \frac{\partial}{\partial x}.$$

Die entsprechenden Formeln gelten natürlich auch für die anderen Komponenten des Impulses. Eine weitere Observable ist die potentielle Energie, meist mit V abgekürzt. Als Funktion der Ortskoordinaten (und der Zeit) heißt sie in der Mechanik und in der Quantenmechanik auch Potential, ihr Operator ist in der Ortsdarstellung die Multiplikation mit diesem Funktionsterm $V(x,y,z,t)$.

Die Observable der kinetischen Energie wird meist mit T abgekürzt, wenn eine Verwechselung mit der absoluten Temperatur ausgeschlossen ist. In der klassischen Theorie hängt die kinetische Energie einfach von den Impulskoordinaten p_x, p_y, p_z ab:

$$E_{kin} = \frac{1}{2M}(p_x^2 + p_y^2 + p_z^2).$$

Entsprechend ist der Operator der kinetischen Energie in der Quantenmechanik aus den Operatoren der Impulskomponenten aufgebaut:

$$T = \frac{1}{2M}(P_x^2 + P_y^2 + P_z^2).$$
$$= \frac{1}{2M}\left[\left(\frac{\hbar}{i}\right)^2 \frac{\partial^2}{\partial x^2} + \left(\frac{\hbar}{i}\right)^2 \frac{\partial^2}{\partial y^2} + \left(\frac{\hbar}{i}\right)^2 \frac{\partial^2}{\partial z^2}\right]$$
$$= -\frac{\hbar^2}{2M}\left(\frac{\partial^2}{\partial x^2} + \frac{\partial^2}{\partial y^2} + \frac{\partial^2}{\partial z^2}\right).$$

Weil der hier in Klammern geschriebene Differentialoperator sehr oft vorkommt wird er wie international üblich mit Δ abgekürzt:

$$\Delta := \frac{\partial^2}{\partial x^2} + \frac{\partial^2}{\partial y^2} + \frac{\partial^2}{\partial z^2}.$$

Damit erhält der Operator der kinetischen Energie in der Ortsdarstellung die Form

$$T = -\frac{\hbar^2}{2M}\Delta.$$

Noch wichtiger als die Operatoren der potentiellen und der kinetischen Energie ist der Operator der Gesamtenergie, Hamilton-Operator: Er definiert das quantenmechanische System (Teilchen samt äußeren Kräften). Er wird zu Ehren von Hamilton mit H abgekürzt und lautet also in der Ortsdarstellung:

$$H = -\frac{\hbar^2}{2M}\Delta + V(x,y,z,t).$$

10.3. Zustandsänderungen

In der Quantenphysik müssen wir, anders als in der klassischen Physik, zwei Arten von Zustandsänderungen unterscheiden:

1. Die Zustandsänderungen infolge der Dynamik des Systems, also die natürlichen zeitlichen Entwicklungen des Zustands.

2. Die künstlich hervorgerufenen Zustandsänderungen nach einem Eingriff durch eine Messapparatur.

Den natürlichen zeitlichen Verlauf eines Zustands beschreibt die Schrödinger-Gleichung:

$$-\frac{\hbar}{i}\frac{\partial \Psi}{\partial t} = -\frac{\hbar^2}{2M}\Delta\Psi + V\Psi.$$

Dies ist eine partielle lineare Differentialgleichung zweiter Ordnung. Sie bestimmt die natürliche Entwicklung eines physikalischen Systems, aus ihr lässt sich, jedenfalls grundsätzlich, die natürliche zeitliche Änderung der Psifunktion,

$$\frac{\partial \Psi(x,y,z,t)}{\partial t},$$

berechnen.

Jede Observable hat ein System von Eigenzuständen, in denen die Erwartungswerte der Observablen Eigenwerte der Observablen sind. „Eigenwerte" heißt: die Gesamtheit dieser Eigenwerte hängt nicht vom Versuch ab, sie ist durch das System gegeben, ist dem System eigen. Was hat das mit Zustandsänderungen zu tun? Befindet sich beispielsweise ein Elektron vor einer Messung in einem Eigenzustand der Observablen dieser Messung, so bewirkt die Messung keine Zustandsänderung. Unabhängig vom Zustand in dem sich das Elektron vor der Messung befand, die Messung ergibt einen Eigenwert der Messapparatur, und nach der Messung ist das Elektron in einem Eigenzustand der Messapparatur. Folgt also eine zweite Messung unmittelbar der ersten, so liefert sie gewiss den gleichen Messwert, den selben Eigenwert wie die erste Messung. Mathematisch sieht das so aus:

Definition 10.1 (Eigenzustand) *Ein Zustand Ψ heißt Eigenzustand zum Eigenwert λ des Operators A, genau dann wenn gilt:*

$$A\Psi = \lambda\Psi.$$

Indem wir die stationären Lösungen der Schrödinger-Gleichung berechnen, die Lösungen zu einem Eigenwert der Energie, erhalten wir nicht nur die Energie-Eigenzustände als Eigenfunktionen, sondern auch die Energie-Eigenwerte.

10.4. Ein Elektron, eingeschränkt auf ein Intervall der x-Achse

Wir wollen zunächst einmal einige Beispielrechnungen durchführen, auf die wir in den folgenden Kapiteln zurückgreifen können. Das erstes Beispiel soll so einfach wie möglich sein: mathematische Schwierigkeiten sollen uns jetzt nicht von der Physik ablenken. Um die Zahl der Variablen so klein wie möglich zu halten, tun wir so, als wäre der Raum eindimensional. Die Psifunktionen dieses Spielzeugmodells sind Funktionen der Ortskoordinate x und der Zeitkoordinate t, wir suchen also nur noch Terme $\Psi(x,t)$, die natürlich leichter zu finden sind als Terme $\Psi(x,y,z,t)$. Das Modell hat sogar Bezüge zur Wirklichkeit: wir können es als Vereinfachung eines langgestreckten Kettenmoleküls auffassen [Flü76, S. 26] oder als Vorbereitung auf die Beschreibung eines Elektrons zwischen zwei ebenen Wänden [Flü71, p. 25].

Wir bestimmen die Energie-Eigenfunktionen und Energie-Eigenwerte eines Elektrons, das im Intervall $[0;a]$ der x-Achse eingeschlossen ist, und auf das im Innern des Intervalls keine Kräfte wirken. Weil sich das Elektron kräftefrei im Innern des Intervalls bewegen soll, muss die potentielle Energie im Innern einen konstanten Wert haben, sagen wir den Wert Null. Und da das Elektron in dem Intervall eingeschlossen sein soll, muss die potentielle Energie außerhalb des Intervalls unendlich hoch sein. Wir legen den Koordinatenursprung auf den linken Randpunkt des Intervalls und erhalten so

$$V(x) = \begin{cases} 0 & \text{für } 0 \leq x \leq a; \\ \infty & \text{sonst.} \end{cases} \tag{10.2}$$

Wir suchen die Eigenfunktionsterme $\Psi(x,t)$ des Energie-Operators H und ihre Eigenwerte E. Im eindimensionalen Raum hat die zeitabhängige Schrödinger-Gleichung die Form:

$$-\frac{\hbar}{i}\frac{\partial \Psi(x,t)}{\partial t} = \left(-\frac{\hbar^2}{2M}\frac{\partial^2}{\partial x^2} + V(x)\right)\Psi(x,t). \tag{10.3}$$

Wir „trennen" die Variablen mit dem Ansatz:

$$\Psi(x,t) = u(x)e^{-i\omega t}. \tag{10.4}$$

Diesen Ansatz verifizieren wir, indem wir einsetzen

$$-\frac{\hbar}{i}\frac{\partial \Psi(x,t)}{\partial t} = -\frac{\hbar}{i}(-i\omega)u(x)e^{-i\omega t};$$

$$-\frac{\hbar}{i}\frac{\partial\Psi(x,t)}{\partial t} = \hbar\omega u(x)e^{-i\omega t}$$
$$= Eu(x)e^{-i\omega t}$$

mit der Abkürzung
$$E = \hbar\omega.$$

Der Ansatz löst also die Schrödinger-Gleichung (10.3), wenn $u(x)$ die folgende Differentialgleichung erfüllt:

$$Eu(x)e^{-i\omega t} = \left(-\frac{\hbar^2}{2M}\frac{\partial^2}{\partial x^2} + V(x)\right)u(x)e^{-i\omega t}$$

oder einfacher:
$$\left(-\frac{\hbar^2}{2M}\frac{d^2}{dx^2} + V(x)\right)u(x) = Eu(x).$$

Diese Differentialgleichung heißt die zeitunabhängige Schrödinger-Gleichung des Problems. Für das Elektron im eindimensionalen Raum ist sie eine gewöhnliche Differentialgleichung:

$$-\frac{\hbar^2}{2M}u''(x) + V(x)u(x) = Eu(x),$$

die sich wegen der speziellen Form (10.2) der potentiellen Energie stark vereinfacht:

$$-\frac{\hbar^2}{2M}u''(x) = Eu(x) \quad \text{für } x \in [0;a],$$

also
$$u''(x) = -k^2 u(x), \tag{10.5}$$

mit der Abkürzung
$$k^2 := \frac{2ME}{\hbar^2}. \tag{10.6}$$

Der Ansatz (10.4) ist eine Lösung der zeitabhängigen Schrödinger-Gleichung (10.3), wenn $u(x)$ eine Lösung der zeitunabhängigen Schrödinger-Gleichung (10.5) ist. Wir haben für stationäre Lösungen die zeitabhängige Schrödinger-Gleichung auf die einfachere zeitunabhängige Schrödinger-Gleichung zurückgeführt. Zur konkreten Differentialgleichung (10.5), der einfachen Schwingungsgleichung der klassischen Mechanik, fällt uns die allgemeine Lösung gleich in drei Formen ein:

$$Ae^{i(kx+\delta)}, \quad A\sin(kx+\delta), \quad A\cos(kx+\delta),$$

wobei wir einschränken: $A \neq 0$ und $k \neq 0$, um die Normierungsbedingung (10.1) nicht zu verletzen.

Wir freuen uns über die Auswahl, denn wir haben nicht nur die Lösung der Schrödinger-Gleichung, sondern auch die Stetigkeit der Wellenfunktion zu gewährleisten. Das ist unproblematisch, solange der Ansatz die Wellenfunktion im ganzen Raum beschreibt: dann setzen wir die Lösung eben als stetigen Funktionsterm an. Hier aber beschreibt der Ansatz die Wellenfunktion nur im Intervall von 0 bis a. Außerhalb dieses Intervalls ist die Wellenfunktion gleich Null, wofür wir gesorgt haben, indem wir das Potential (10.2) wählten. Daher muss die Wellenfunktion des Innenraums an seinem Rand, an den Sprungstellen des Potentials, das heißt bei $x = 0$ und $x = a$, den Wert der Wellenfunktion des Außenraums annehmen, den Wert 0. Das heißt, die Lösung $u(x)$ muss Stetigkeitsbedingungen erfüllen in Form von Randbedingungen, es muss gelten: $u(0) = 0$ und $u(a) = 0$. Damit scheidet die komplexe Lösungsform aus. Die Kosinusform könnte nur für $\delta \neq 0$ gelten, aber die Sinusform ist günstig, sie gilt schon für $\delta = 0$, wie wir gleich sehen werden. Wir probieren also:

$$u(x) = A\sin(kx) \quad \text{für } 0 \leq x \leq a. \tag{10.7}$$

Damit ist die erste Randbedingung erfüllt, weil für diesen Ansatz gilt: $u(0) = 0$. Die zweite Randbedingung, $u(a) = 0$, ist eine

Gleichung für den Ansatzparameter k:

$$A\sin(ka) = 0.$$

Diese zweite Randbedingung ist erfüllt, wenn das Argument ka des Sinus gleich einer der unendlich vielen Nullstellen des Sinus ist. $A = 0$ mussten wir ausschließen. Also gilt

$$ka = n\pi,$$

damit
$$k = n\frac{\pi}{a}, \tag{10.8}$$

wobei $n \in \mathbb{Z}$ und $n \neq 0$. Wenn der Ansatzparameter k der Bedingung (10.8) genügt, dann lässt sich der Term (10.7) stetig auf den ganzen Raum erweitern. Definieren wir $u(x)$ durch

$$u(x) := \begin{cases} A\sin(kx) & \text{für } 0 \leq x \leq a; \\ 0 & \text{sonst,} \end{cases}$$

dann ist $u(x)$ eine überall definierte, stetige Lösung der zeitunabhängigen Schrödinger-Gleichung (10.5). Dabei unterscheidet sich die Lösung $A\sin(kx)$ zu einem negativen k-Wert, also die Lösung zu einer negativen Quantenzahl n, nur im Vorzeichen von der Lösung zum positiven k-Wert des gleichen Betrags, also nur unwesentlich. Darum kennzeichnen wir die k-Werte nur noch durch positive Quantenzahlen n, durch $n = 1$ oder $n = 2$ oder $n = 3$ oder...

Die stationären Lösungen der zeitabhängigen Schrödinger-Gleichung (10.3), die Eigenfunktionen der Energie, sind also Wellenfunktionen mit Termen der Form:

$$\Psi_n(x,t) = A_n \sin(k_n x) e^{-\frac{i}{\hbar} E_n t}; \quad k_n := n\frac{\pi}{a}, \text{ wobei } n \in \mathbb{N}.$$

Und welche Energie-Eigenwerte gehören zu diesen Eigenfunktionen? Wegen Gleichung (10.6) gilt

$$E_n = \frac{\hbar^2}{2M}k_n^2,$$

also

$$E_n = \frac{\hbar^2}{2M}\frac{\pi^2}{a^2}n^2,$$

oder

$$E_n = \frac{h^2}{8M}\frac{1}{a^2}n^2. \tag{10.9}$$

Dies bedarf einer Deutung: Der positive Parameter k im Ansatz bedeutet die Wellenzahl $\frac{2\pi}{\lambda}$. Der Ansatz ist daher nur für bestimmte Wellenzahlen, also bestimmte Wellenlängen, eine stationäre Lösung der Schrödinger-Gleichung, die meisten aller zunächst denkbaren Wellenlängen sind „verboten". Das ist anschaulich klar: Die stationären Lösungen sind stehende Elektronenwellen, und die Randbedingung lässt nur Wellenlängen zu, die der Gleichung

$$\frac{2\pi}{\lambda} = n\frac{\pi}{a}$$

genügen, also der Gleichung $\lambda = \frac{2a}{n}$.

Mit den meisten Wellenlängen sind auch die meisten denkbaren Energiewerte „verboten", denn nach Gleichung (10.9) ist die Energie proportional zu n^2, also wegen $n = \frac{2a}{\lambda}$ umgekehrt proportional zum Quadrat der Wellenlänge. Mit anderen Worten, die Randbedingung führt zu einer Quantelung der Wellenlänge und der Energie.

Wir müssen die Wellenfunktion noch normieren. Nach Gleichung (B.6) gilt:

$$\overline{\Psi_n}(x,t) = A_n \sin(k_n x) e^{\frac{i}{\hbar}E_n t}.$$

Also ist
$$\Psi_n(x,t)\overline{\Psi_n}(x,t) = A_n^2 \sin^2(k_n x).$$
Damit Ψ_n normiert ist, muss gelten:
$$\int_0^a A_n^2 \sin^2(k_n x)\,dx = 1.$$
Es gibt verschiedene Möglichkeiten dieses Integral zu lösen. Schön ist die Lösung über partielle Integration:
$$\begin{aligned}\int_0^a \sin^2(k_n x)\,dx &= -\left[\frac{\sin(k_n x)\cos(k_n x)}{k_n}\right]_0^a + \int_0^a \cos^2(k_n x) \\ &= \int_0^a dx - \int_0^a \sin^2(k_n x)\,dx.\end{aligned}$$
Lösen wir dies nach dem gesuchten Integral auf ergibt sich:
$$\int_0^a \sin^2(k_n x)\,dx = \frac{a}{2}.$$
Damit ergibt sich:
$$A_n = \sqrt{\frac{2}{a}}$$
und somit
$$\Psi_n(x,t) = \sqrt{\frac{2}{a}}\sin(k_n x)e^{-\frac{i}{\hbar}E_n t}.$$
Wir bemerken, dass wir den Ausdruck $e^{-\frac{i}{\hbar}E_n t}$ gar nicht in die Rechnung hätten einbeziehen müssen. Wir hätten auch einfach mit $u(x)$ statt mit $\Psi(x,t)$ rechnen können. Im nächsten Abschnitt werden wir das berücksichtigen. Einige der Wellenfunktionen werden in Abbildung 10.1 dargestellt.

Vergleichen wir die Abhängigkeit der Energie von der Quantenzahl n mit der Abhängigkeit der Energie des Wasserstoffatoms von der ebenso abgekürzten Hauptquantenzahl n. Haben

Sie schon das Bohrsche Atommodell kennengelernt? Ihm zufolge, ebenso wie nach der Quantenmechanik, ist die Energie des Elektrons im Wasserstoffatom umgekehrt proportional zum Quadrat n^2 der Hauptquantenzahl n, aber mit negativer Proprotionalitätskonstante.

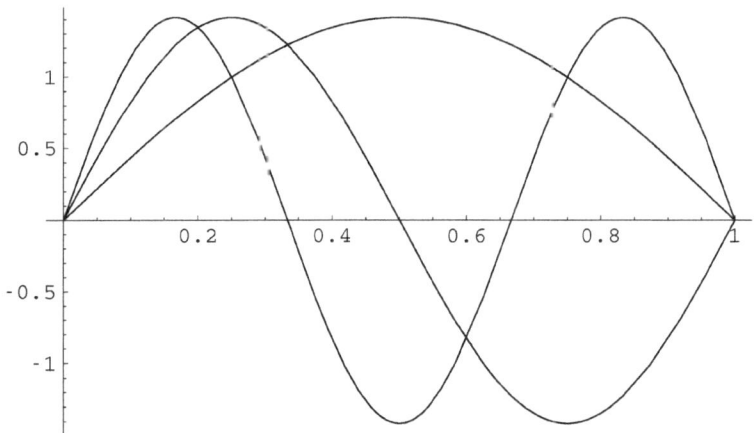

Abbildung 10.1.: Wellenfunktionen für $t = 0$ zu den Quantenzahlen $n = 1$, $n = 2$ und $n = 3$

10.5. Ein Elektron, eingeschränkt auf das Innere eines Quaders

Die Realität ist nun aber nicht eindimensional, wie im vorherigen Beispiel, sondern dreidimensional. Daher bestimmen wir nun die Energie-Eigenfunktionen und Energie-Eigenwerte eines Elektrons, das im Innern eines Quaders eingeschlossen ist und auf das im Innern des Quaders keine Kräfte wirken.

Weil sich das Elektron kräftefrei im Innern eines Quaders mit den Kantenlängen a, b, c bewegen kann, muss die potentielle Energie innerhalb des Quaders überall gleich groß sein, sagen wir der Einfachheit halber gleich Null. Und weil das Elektron nicht in den Außenbereich gelangen kann, muss die potentielle Energie außerhalb des Quaders unendlich sein. Wir legen den Koordinatenursprung in eine Ecke des Quaders und die Koordinaten-Halbachsen auf die drei von dieser Ecke ausgehenden Kanten des Quaders. Damit gewährleisten wir, dass die Ortskoordinaten des Elektrons jederzeit die Ungleichungen erfüllen: $0 \leq x \leq a$; $0 \leq y \leq b$; $0 \leq z \leq c$. Kurz

$$V(x,y,z) = \begin{cases} 0 & \text{für } 0 \leq x \leq a; 0 \leq y \leq b; 0 \leq z \leq c; \\ \infty & \text{sonst.} \end{cases}$$
(10.10)

Wir suchen die Eigenfunktionsterme $\Psi(x,y,z,t)$ des Energie-Operators H und ihre Eigenwerte E.

Als Grundformel dient uns die zeitabhängige Schrödinger-Gleichung:

$$-\frac{\hbar}{i}\frac{\partial \Psi(x,y,z,t)}{\partial t} = \left(-\frac{\hbar^2}{2M}\Delta + V(x,y,z)\right)\Psi(x,y,z,t). \quad (10.11)$$

Wir suchen nun die stationären Lösungen der zeitabhängigen Schrödinger-Gleichung, diesmal abhängig von allen Variablen x, y, z, t:

$$\Psi(x,y,z,t) = \psi(x,y,z)e^{-i\omega t}, \quad (10.12)$$

von vornherein mit den Randbedingungen:

$$\psi(0,y,z) = \psi(x,0,z) = \psi(x,y,0) = 0; \quad (10.13a)$$

$$\psi(a,y,z) = \psi(x,b,z) = \psi(x,y,c) = 0, \quad (10.13b)$$

um die Stetigkeit der Wellenfunktion auf den Grenzebenen $x = 0$; $y = 0$; $z = 0$; $x = a$; $y = b$; $z = c$ zu sichern. Wieder setzen wir zur Probe ein:

$$-\frac{\hbar}{i}\frac{\partial \Psi(x,y,z,t)}{\partial t} = \hbar\omega\psi(x,y,z)e^{-i\omega t}$$
$$= E\psi(x,y,z)e^{-i\omega t}$$

mit der Abkürzung
$$E = \hbar\omega.$$

Der Ansatz löst die Schrödinger-Gleichung (10.11), wenn $\psi(x,y,z)$ folgende Differentialgleichung erfüllt:

$$E\psi(x,y,z)e^{-i\omega t} = \left(-\frac{\hbar^2}{2M}\Delta + V(x,y,z)\right)\psi(x,y,z)e^{-i\omega t}.$$

Er vereinfacht sich, wenn

$$\left(-\frac{\hbar^2}{2M}\Delta + V(x,y,z)\right)\psi(x,y,z) = E\psi(x,y,z). \qquad (10.14)$$

Für den Innenraum des Quaders ist die potentielle Energie gleich 0, siehe Gleichung (10.10), und die zeitunabhängige Schrödinger-Gleichung (10.14) vereinfacht sich dort zu:

$$-\frac{\hbar^2}{2M}\Delta\psi(x,y,z) = E\psi(x,y,z).$$

Wir schreiben sie um:

$$\Delta\psi(x,y,z) = -k^2\psi(x,y,z) \qquad (10.15)$$

mit der Abkürzung
$$k^2 := \frac{2ME}{\hbar^2}. \qquad (10.16)$$

Die Energie E nehmen wir von vornherein als nichtnegativ an, denn sie ist eine kinetische Energie.

Wir wollen die zeitunabhängige Schrödinger-Gleichung (10.15) durch Trennung der Variablen lösen. Die Zeit t haben wir schon mit dem Ansatz (10.12) von den Ortskoordinaten x, y, z getrennt und worauf die Trennung der drei anderen Variablen hinausläuft, wird nach ein paar Formelzeilen klar. Wir setzen den zeitunabhängigen Faktor $\psi(x,y,z)$ als Produkt dreier Faktoren an, die jeweils nur von einer Variablen abhängen:

$$\psi(x,y,z) = u(x)v(y)w(z). \tag{10.17}$$

Zuerst wenden wir den ersten Term des Differentialoperators Δ auf den Ansatz an:

$$\frac{\partial^2}{\partial x^2} u(x)v(y)w(z) = u''(x)v(y)w(z),$$

dann den zweiten:

$$\frac{\partial^2}{\partial y^2} u(x)v(y)w(z) = u(x)v''(y)w(z),$$

und schließlich den dritten:

$$\frac{\partial^2}{\partial z^2} u(x)v(y)w(z) = u(x)v(y)w''(z).$$

So erhalten wir:

$$\begin{aligned}\Delta\left(u(x)v(y)w(z)\right) = \ & u''(x)v(y)w(z) \\ & + u(x)v''(y)w(z) \\ & + u(x)v(y)w''(z).\end{aligned}$$

Das setzen wir in die Form (10.15) der zeitunabhängigen Schrödinger-Gleichung ein:

$$\begin{aligned}-k^2 u(x)v(y)w(z) = \ & u''(x)v(y)w(z) \\ & + u(x)v''(y)w(z) \\ & + u(x)v(y)w''(z). \end{aligned} \tag{10.18}$$

Gleich sehen wir, wie wir die Variablen trennen können. Wir dividieren beide Seiten von Gleichung (10.18) durch $u(x)$, $v(y)$, $w(z)$:

$$\frac{u''(x)}{u(x)} + \frac{v''(y)}{v(y)} + \frac{w''(z)}{w(z)} = -k^2. \tag{10.19}$$

Der Trennungsansatz (10.17) löst die zeitunabhängige Schrödinger-Gleichung (10.15), wenn jeder der Quotienten aus Gleichung (10.19) konstant ist, wenn also jeder der drei Funktionsterme $u(x)$, $v(y)$, $w(z)$ für sich eine gewöhnliche Differentialgleichung erfüllt:

$$\frac{u''(x)}{u(x)} = -k_x^2; \quad \frac{v''(y)}{v(y)} = -k_y^2; \quad \frac{w''(z)}{w(z)} = -k_z^2.$$

Hätten wir den Überblick gehabt, dann hätten wir die Differentialgleichung (10.18) mit dem Ansatz der folgenden drei gewöhnlichen Differentialgleichungen lösen können und hätten nicht durch einen unbekannten Term dividiert:

$$u''(x) = -k_x^2 u(x); \quad v''(y) = -k_y^2 v(y); \quad w''(z) = -k_z^2 w(z).$$

Jede der drei gewöhnlichen Differentialgleichungen lösen wir mit dem gleichen Ansatz, eigentlich dem Ansatz (10.7), den wir schon für das eindimensionale Modellsystem durchgespielt haben:

$$u(x) = A_x \sin(k_x x); \quad v(y) = A_y \sin(k_y y); \quad w(z) = A_x \sin(k_z z).$$

Der Ansatz erfüllt die ersten drei der Randbedingungen (10.13), weil $u(0) = 0$, $v(0) = 0$, $w(0) = 0$. Damit der Ansatz auch die letzten drei der Randbedingungen (10.13) erfüllt, sorgen wir dafür, dass gilt: $u(a) = 0$, $v(b) = 0$, $w(c) = 0$. Dazu versehen wir die Ansatzparametern k_x, k_y, k_z mit den Bedingungen

$$k_x a = l\pi; \quad k_y b = m\pi; \quad k_z c = n\pi;$$

also
$$k_x = l\frac{\pi}{a}; \quad k_y = m\frac{\pi}{b}; \quad k_z = n\frac{\pi}{c}. \qquad (10.20)$$

worin l, m, n positive ganze Zahlen bezeichnen. Gleichung (10.19) ist erfüllt, wenn wir gewährleisten, dass die Quadratsumme der Wellenzahl-Komponenten richtig mit dem Energie-Eigenwert zusammenhängt, wenn gilt:

$$k_x^2 + k_y^2 + k_z^2 = k^2;$$

und, damit Gleichung (10.16) erfüllt ist:

$$E = \frac{\hbar^2}{2M}k^2 = \frac{\hbar^2}{2M}(k_x^2 + k_y^2 + k_z^2). \qquad (10.21)$$

Daraus folgt, dass

$$\psi(x,y,z) = A_x \sin(k_x x) A_y \sin(k_y y) A_z \sin(k_z z)$$

eine überall stetige Lösung der zeitunabhängigen Schrödinger-Gleichung (10.14) ist, die wegen der Gleichungen (10.20) durch die drei positiven Quantenzahlen l, m, n gegeben ist.

Normierung der Wellenfunktion

Die Amplituden A_x, A_y, A_z ergeben sich aus Gleichung (10.1). Nach Trennung der Variablen geht das dreifache Integral in ein Produkt aus drei Integralen über:

$$\iiint_{\text{Quader}} A_x^2 \sin^2(k_x x) A_y^2 \sin^2(k_y y) A_z^2 \sin^2(k_z z)\, dx\, dy\, dz = 1;$$

also

$$A_x^2 A_y^2 A_z^2 \int_0^a \sin^2(k_x x)\, dx \int_0^b \sin^2(k_y y)\, dy \int_0^c \sin^2(k_z z)\, dz = 1.$$

Die Integrale berechnen wir diesmal mit Hilfe eines Additionstheorems für trigonometrische Funktionen:

$$\cos(2\alpha) = \cos^2\alpha - \sin^2\alpha$$
$$= \cos^2\alpha + \sin^2\alpha - \sin^2\alpha - \sin^2\alpha$$
$$= 1 - 2\sin^2\alpha;$$
$$\sin^2\alpha = \frac{1}{2}(1 - \cos(2\alpha));$$

also

$$\int_0^c \sin^2(k_x x)\,dx = \frac{1}{2}\int_0^a (1 - \cos(2k_x x))\,dx$$
$$= \frac{1}{2}a - \frac{1}{2}\frac{1}{2k_x}[\sin(2k_x x)]_0^a$$
$$= \frac{a}{2} - \frac{1}{4k_x}\sin(2k_x a)$$
$$= \frac{a}{2}.$$

Entsprechend erhalten wir $\int_0^b \sin^2(k_y y)\,dy$ und $\int_0^c \sin^2(k_z z)\,dz$. Also gilt:

$$A_x^2 A_y^2 A_z^2 \frac{abc}{8} = 1;$$
$$A_x A_y A_z = \sqrt{\frac{8}{abc}},$$

und wir haben die Wellenfunktion normiert:

$$\psi(x,y,z) = \sqrt{\frac{8}{abc}} \sin\left(l\pi\frac{x}{a}\right) \sin\left(m\pi\frac{y}{b}\right) \sin\left(n\pi\frac{z}{c}\right). \quad (10.22)$$

Vor allem interessieren uns die Energie-Eigenwerte. Die Lösung der Wellenfunktion gehört zum Energie-Eigenwert $E_{l,m,n}$, der wegen der Gleichungen (10.21) und (10.20) durch die positiven ganzen Quantenzahlen l, m, n gegeben ist:

$$E_{l,m,n} = \frac{\hbar^2}{2M}\pi^2 \left(\frac{l^2}{a^2} + \frac{m^2}{b^2} + \frac{n^2}{c^2}\right).$$

Wir können den Term etwas kürzer schreiben, wenn wir statt der abgeänderten Planckschen Konstante wieder das ursprüngliche Plancksche Wirkungsquantum einbringen. Es gilt $\hbar\pi = \frac{h}{2}$, also

$$E_{l,m,n} = \frac{h^2}{8M} \left(\frac{l^2}{a^2} + \frac{m^2}{b^2} + \frac{n^2}{c^2}\right); \quad l,m,n \in \mathbb{N}. \quad (10.23)$$

Wundern Sie sich? Die kleinste kinetische Energie, die das Elektron haben kann, ist nicht gleich Null, sie ist positiv. Das Elektron kann also nicht ruhen. In dem Quader, in dem es eingeschlossen ist, muss es sich bewegen, wie ein Tiger im Käfig. Wie schnell es sich mindestens bewegen muss, ist durch die Abmessungen des Quaders bestimmt. Je kleiner der Quader, desto schneller muss sich das Elektron bewegen. Hat der Quader zum Beispiel die Form des Zwischenraumes eines Plattenkondensators großer Kapazität, mit kleinem Abstand a und großen Kantenlängen b, c der Platten, so hätte das Elektron im Grundzustand die Energie $\frac{h^2}{8Ma^2}$, die Glieder mit $\frac{1}{b^2}$ und $\frac{1}{c^2}$ vernachlässigen wir. Für einen akademisch kleinen Plattenabstand von $a = 10^{-10}$m hätte das Elektron im Grundzustand die kinetische Energie von $6 \cdot 10^{-18}$J und dementsprechend eine Geschwindigkeit von einem Prozent der Lichtgeschwindigkeit: Es wäre etwa so schnell wie das Wasserstoffelektron im Grundzustand. Zwischen zwei Platten im Abstand von $3 \cdot 10^{-7}$m hätte das Elektron nur ein Zehnmillionstel dieser Energie. Diese Grundenergie und ihrer Abhängigkeit vom Plattenabstand a verstehen wir, wenn wir uns an die Heisenbergsche Unschärferelation erinnern. Jetzt wundern wir uns nicht mehr, jetzt würden wir uns wundern, wenn unsere Rechnung ergeben hätte, dass die Grundenergie gleich Null wäre.

Die Schrödinger-Gleichung hilft uns die Zustände eines Elektrons besser zu verstehen.

11. Entartete Elektronengase

> „Nicht oft im Leben hat mir ein Mensch durch seine bloße Gegenwart solche Freude gemacht wie Sie."
> – Albert Einstein,
> Brief an Niels Bohr –

Physikalische Themen: Fermi- und Nullpunktsenergie von Elektronengasen, Nullpunktsdruck

11.1. Einleitung

Wir wollen nun sehen, wie sich Quanteneffekte in der Elektronentheorie der Metalle bemerkbar machen. Dazu studieren wir zuerst ein eindimensionales Modell eines Elektronengases, d.h. sehr viele Elektronen, die im Innern eines Intervalls der x-Achse eingeschlossen sind. Für uns soll diese Aufgabe nur eine Vorbereitung auf das etwas kompliziertere, dreidimensionale Problem sein, aber das eindimensionale Problem ist nicht rein akademisch, es kann zum Beispiel auf die Elektronen in einem langgestreckten Kettenmolekül angewandt werden [Flü76, S. 26]

Dabei interessiert uns besonders die Energie des Gases am absoluten Temperaturnullpunkt, bei $T = 0$, seine Nullpunktsenergie. Nach der klassischen Theorie ist diese kinetische Energie gleich Null, denn bei $T = 0$ gibt es überhaupt keine Bewegung mehr. Aber wir haben ja in Gleichung (10.23) gesehen, dass die Energie 0 nicht zugelassen ist.

11.2. Die Nullpunktsenergie eines eindimensionalen Gases

Wir betrachten nun ein eindimensionales Gas, das aus sehr vielen Elektronen besteht, die im Intervall $[0; a]$ der x-Achse eingeschlossen sind. Ihre absolute Temperatur T sei die denkbar niedrigste: $T = 0$. Wir können an die Leitungselektronen eines Drahtes der Länge $a = 1$m mit der Elektronenzahl $N = 3 \cdot 10^9$ denken.

Uns interessiert dabei folgendes:

1. Die Verteilung der Elektronen dieses Gases auf die Energie-Eigenzustände.

2. Der höchste bei $T = 0$ besetzte Elektronenenergie-Eigenwert dieses Gases, die Fermi-Energie E_F.

3. Die Gesamtenergie E_{Gas} dieses Gases, die Nullpunktsenergie.

4. Die mittlere Energie $\langle E \rangle$ seiner Elektronen.

11.2.1. Die Energie des Elektronengases

Wir erhalten die Energie des Gases als Summe der Energie-Eigenwerte der einzelnen Elektronen, wenn wir die Wechselwirkungsenergie der Elektronen vernachlässigen dürfen. Das wollen wir im Folgenden tun, wobei wir uns darauf berufen, dass die abstoßenden Coulombkräfte zwischen den Leitungselektronen im metallischen Festkörper durch die positiven Ionen weitgehend abgeschirmt werden.

Die unmittelbaren Kräfte der positiven Ionen auf die Elektronen wollen wir auch außer acht lassen: wir wollen die einfachen Ergebnisse der Rechnung für freie Elektronen nutzen und tun darum so, als wäre jedes Elektron kräftefrei. Das ist problematischer als die Vernachlässigung der Elektronenwechselwirkungen aber letzten Endes wird der Erfolg der Theorie diese Annahme rechtfertigen.

Was wir berücksichtigen müssen, ist das Paulische Ausschließungsprinzip. Sie erinnern sich: Zwei Fermionen können nicht zur selben Zeit den gleichen Zustand besetzen. Allerdings können sich zwei Elektronen mit der gleichen Wellenfunktion Ψ_n noch in der z-Komponente ihres Spins unterscheiden, die zwei verschiedene Werte annehmen kann. Darum können zwei Elektronen in einem Zustand Ψ_n mit der gleichen Quantenzahl n des Einelektronenproblems sein, aber nicht mehr als zwei Elektronen.

11.2.2. Die Elektronenverteilung auf die Zustände

Bei $T = 0$ werden zwei der N Elektronen unseres Elektronengases mit entgegengesetztem Spin den Zustand der niedrigsten Einelektronen-Energie besetzen, den Zustand zur Quantenzahl $n = 1$, zwei andere den Zustand der zweitniedrigsten Energie, den Zustand zur Quantenzahl $n = 2$, die nächsten zwei den Zustand der drittniedrigsten Energie, den Zustand zur Quantenzahl $n = 3$ und so weiter. Wenn die Elektronenzahl N gerade ist, verteilen sich also $\frac{N}{2}$ Elektronenpaare mit entgegengesetztem Spin auf die niedrigsten Energie-Eigenwerte. Die höchste besetzte Einelektronen-Energie ist folglich die Quantenzahl $\frac{N}{2}$. Wenn N ungerade ist, verteilen sich $\frac{N-1}{2}$ Elektronenpaare auf die niedrigsten Energie-Eigenwerte und das letzte Elektron besetzt allein den Zustand zur Quantenzahl $n = \frac{N+1}{2}$.

11.2.3. Die Fermi-Energie E_F

Der höchste besetzte Elektronenenergie-Eigenwert hat also die Quantenzahl $n = \frac{N}{2}$ oder $n = \frac{N+1}{2}$, er wird Fermi-Energie E_F genannt. Sein Wert ist durch Gleichung (10.9) gegeben, wobei der Unterschied zwischen $n = \frac{N+1}{2}$ und $n = \frac{N}{2}$ für sehr große N

unmessbar klein ist:
$$E_F = \frac{h^2}{32M}\frac{N^2}{a^2}. \qquad (11.1)$$

11.2.4. Die Gesamtenergie E_{Gas} des Gases

Der Energie-Eigenwert eines Elektrons mit der Quantenzahl q ist gegeben durch Gleichung (10.9):
$$E_q = \frac{h^2}{8M}\frac{1}{a^2}q^2.$$

Die Energie eines Elektronenpaares mit der Quantenzahl q und entgegengesetzten z-Komponenten des Spins ist doppelt so groß. Alle $\frac{N}{2}$ Elektronenpaare des Elektronengases haben zusammen die Energie
$$E_{\text{Gas}} = 2(E_1 + E_2 + E_3 + ... + E_q + ... + E_{\frac{N}{2}}).$$

Vielleicht ist das höchste Energieniveau nicht doppelt besetzt, aber für große Teilchenzahlen ist der relative Fehler so klein, dass wir hier nicht das Zeichen für die ungefähre Gleichheit setzen möchten. In der Summenschreibweise erhalten wir nach Einsetzen des Terms von Gleichung (10.9) für die Energie des Elektronengases:
$$E_{\text{Gas}} = 2\sum_{q=1}^{\frac{N}{2}} E_q = 2\frac{h^2}{8M}\frac{1}{a^2}\sum_{q=1}^{\frac{N}{2}} q^2.$$

Wegen der Gleichung
$$\sum_{k=1}^{n} k^2 = \frac{1}{6}n(n+1)(2n+1)$$

gilt:
$$E_{\text{Gas}} = \frac{h^2}{4M}\frac{1}{a^2}\frac{\frac{N}{2}\left(\frac{N}{2}+1\right)(N+1)}{6}.$$

Auch diesen Term vereinfachen wir unter Berufung auf die Größe der Elektronenzahl N, und wieder benutzen wir das Gleichheitszeichen:

$$\overline{E}_{\text{Gas}} = \frac{h^2}{4M} \frac{1}{a^2} \frac{\left(\frac{N}{2}\right)^3}{3};$$

$$E_{\text{Gas}} = \frac{h^2}{96M} \frac{N^3}{a^2}.$$

11.2.5. Die mittlere Energie $\langle E \rangle$ der Elektronen des Gases

Wir definieren die mittlere Elektronenenergie $\langle E \rangle$ als die Gesamtenergie E_{Gas} des Gases, dividiert durch die Zahl N der Elektronen in diesem Gas, kurz: $\langle E \rangle := \frac{E_{\text{Gas}}}{N}$. So erhalten wir:

$$\langle E \rangle = \frac{h^2}{96M} \frac{N^2}{a^2}. \tag{11.2}$$

Wir vergleichen die mittlere Elektronenenergie $\langle E \rangle$ mit der Fermi-Energie E_F. Nach den Gleichungen (11.1) und (11.2) bekommen wir:

$$\langle E \rangle = \frac{E_F}{3}.$$

11.3. Nullpunktsenergien dreidimensionaler Elektronengase

Berechnungen von eindimensionalen Gasen sind zwar schön, aber letztlich doch unbefriedigend. Daher wenden wir uns nun einem dreidimensionalen Gas zu.

11.3.1. Ein Elektronengas mit 10 Elektronen

Wir bestimmen,

1. wie sich zehn wechselwirkungsfreie Elektronen, die in einem Würfel eingeschlossen sind, im Grundzustand dieses „Gases" auf die Energie-Eigenwerte eines Elektrons verteilen,

2. die Fermi-Energie,

3. die Nullpunktsenergie dieses Elektronengases [SB67, S. 5],

4. die mittlere Elektronenenergie.

Die Energie-Eigenwerte eines Elektrons in einem Quader sind durch Gleichung (10.23) gegeben und die entsprechenden Werte in einem Würfel der Kantenlänge a durch

$$E_{l,m,n} = \frac{h^2}{8M} \frac{1}{a^2}(l^2 + m^2 + n^2). \qquad (11.3)$$

Wir nehmen an, eine Messung der Gesamtenergie des Elektronengases hätte ergeben, dass sich das Gas im Zustand seiner niedrigsten Gesamtenergie befindet. Wir schließen aus, dass die Elektronen aufeinander wirken, sie sollen ja wechselwirkungsfrei sein (siehe Abschnitt 11.2.1), also ist die Gesamtenergie des Gases die Summe der Energie-Eigenwerte, die zu den Zuständen der einzelnen Elektronen gehören. Die Energie des Gases der zehn Elektronen im Würfel ist so eine Summe von Ausdrücken der Form (11.3).

Die Verteilung der Elektronen

Die Elektronen halten das Pauli-Verbot ein: Höchstens zwei Elektronen nehmen einen Energie-Eigenwert zum gleichen Tripel von Quantenzahlen (l, m, n) ein, und zwar zwei Elektronen, die sich in der z-Komponente des Spins unterscheiden.

Am absoluten Temperatur-Nullpunkt $T = 0$ verteilen sich die Elektronen so auf die Energie-Eigenwerte, dass es unmöglich ist, dem Gas Energie zu entziehen. Also müssen zwei der zehn Elektronen im Zustand des kleinsten Energie-Eigenwertes sein, im Grundzustand zum Tripel der Quantenzahlen $(l,m,n) = (1,1,1)$, sonst ließe sich dem Gas Energie enziehen, indem ein Elektron, das eine höhere Energie besetzt hat, in diesen Gundzustand $E_{1,1,1}$ übergeht. Von den übrigbleibenden acht Elektronen müssen sechs die Zustände des des nächsthöheren Energieniveaus besetzen. Zwei einen Zustand zum Tripel der Quantenzahlen $(l,m,n) = (1,1,2)$ des Energie-Eigenwerts $E_{1,1,2}$, zwei einen Zustand zum Tripel der Quantenzahlen $(l,m,n) = (1,2,1)$ des Energie-Eigenwerts $E_{1,2,1}$ und zwei einen Zustand zum Tripel der Quantenzahlen $(l,m,n) = (2,1,1)$ des Energie-Eigenwerts $E_{2,1,1}$.

So bleiben noch zwei Elektronen zu verteilen. Jedes von ihnen muss einen Zustand zum drittniedrigsten Energieniveau einnehmen: zu den Energie-Eigenwerten $E_{1,2,2} = E_{2,1,2} = E_{2,2,1}$. Wir fassen die gefundene Verteilung noch einmal in einer Tabelle zusammen:

Energie-Eigenwerte	$E_{1,1,1}$	$E_{1,1,2}$	$E_{1,2,2}$	...
Anzahl der Elektronen	2	6	2	0

Auch zusammenfallende Energie-Eigenwerte sind hier berücksichtigt.

Die Fermi-Energie

Ein Blick auf die Wertetabelle mit der Verteilung der Elektronen zeigt, dass die größte Energie eines Elektrons, die Fermi-Energie E_F des Elektronengases, gleich einem der drei Eigenwerte $E_{1,2,2} =$

$E_{2,1,2} = E_{2,2,1}$ ist. Also gilt nach Gleichung (11.3):

$$E_F = E_{1,2,2} = \frac{h^2}{8M}\frac{1}{a^2}(1^2 + 2^2 + 2^2);$$
$$E_F = \frac{9h^2}{8M}\frac{1}{a^2}.$$

Die Nullpunkts-Energie

Die Gesamtenergie des Elektronengases bei $T = 0$ ist die Summe aller besetzten Einelektronen-Energien, also gilt nach der Wertetabelle:

$$E_{\text{Gas}} = 2(E_{1,1,1} + 3E_{1,1,2} + E_{1,2,2})$$
$$= \frac{h^2}{4M}\frac{1}{a^2}(3 + 3 \cdot 6 + 9);$$
$$E_{\text{Gas}} = \frac{30h^2}{4M}\frac{1}{a^2}.$$

Die mittlere Elektronenenergie

Die Elektronen eines Gases aus zehn Elektronen haben am absoluten Temperaturnullpunkt im Mittel zwei Drittel der Fermi-Energie:

$$\frac{\langle E \rangle}{E_F} = \frac{E_{\text{Gas}}}{10 E_F} = \frac{2}{3},$$
$$\langle E \rangle = \frac{2}{3} E_F.$$

11.3.2. Ein Elektronengas mit 50 Elektronen

Wir betrachten nun ein Gas aus 50 Elektronen, in dem wir wiederum die Verteilung der Elektronen auf die Energie-Eigenwerte, die Fermi- und die Gesamtenergie sowie die durchschnittliche Energie eines Elektrons ermitteln wollen.

Die Verteilung der Elektronen

Von der letzten Rechnung her wissen wir, in welchen Energie-Eigenzuständen sich zehn der fünfzig Elektronen befinden. Die Wertetabelle dazu zeigt außerdem, dass sich von den restlichen vierzig Elektronen vier weitere Elektronen auf dem drittniedrigsten Energieniveau befinden, dessen Energie-Eigenwerte gleich $E_{1,2,2} = E_{2,1,2} = E_{2,2,1}$ sind. Sechs weitere Elektronen sind in Energie-Eigenzuständen, deren Energie-Eigenwerte gleich $E_{1,1,3} = E_{1,3,1} = E_{3,1,1}$ sind. So kennen wir die Zustände von 20 Elektronen.

Weil wir noch dreißig Elektronen einordnen wollen, lohnt es sich, etwas Systematik in die Bestimmung der Reihenfolge der Energie-Eigenwerte zu bringen. Wie können wir die Energie-Eigenwerte der Größe nach anordnen? Wir brauchen nur die Quadratsummen $l^2 + m^2 + n^2$ der Quantenzahlen zu vergleichen. Zum Energie-Eigenwert $E_{1,1,3} = E_{1,3,1} = E_{3,1,1}$ ist diese Quadratsumme gleich 11. Die nächstgrößere Quadratsumme ist $2^2 + 2^2 + 2^2 = 12$, ihren Energie-Eigenwert $E_{2,2,2}$ können nur zwei Elektronen (mit entgegengesetzter z-Komponente des Spins) haben.

Danach ist die nächstgrößere Quadratsumme $1^2 + 2^2 + 3^2 = 14$, ihre Energie-Eigenwerte sind $E_{1,2,3} = E_{2,3,1} = E_{3,1,2} = E_{3,2,1} = E_{2,1,3} = E_{1,3,2}$. In den Zuständen zu diesen Energie-Eigenwerten befinden sich doppelt so viele Elektronen, das sind zwölf. Von den dreißig Elektronen sind also 14 untergebracht; bleiben noch 16 Elektronen zu verteilen.

Die nächstgrößere Quadratsumme ist $2^2 + 2^2 + 3^2 = 17$, ihre Energie-Eigenwerte sind $E_{2,2,3} = E_{2,3,2} = E_{3,2,2}$, zu ihnen gehören sechs Elektronen. Die nächste Quadratsumme ist $1^2 + 1^2 + 4^2 = 18$ mit den Energie-Eigenwerten $E_{1,1,4} = E_{1,4,1} = E_{4,1,1}$, auch zu ihnen gehören sechs Elektronen. Es bleiben also noch vier Elektronen zu verteilen. Sie nehmen die Fermi-Energie dieses Elektronengases ein, einen Energie-Eigenwert zur Quadratsumme $1^2 + 3^2 +$

$3^2 = 19$. Ihre Energie-Eigenwerte sind $E_{1,3,3} = E_{3,1,3} = E_{3,3,1}$.

Damit sind alle Elektronen verteilt, wir fassen die Verteilung noch einmal zuammen:

Energie-Eigenwerte	$E_{1,1,1}$	$E_{1,1,2}$	$E_{1,2,2}$	$E_{1,1,3}$	$E_{2,2,2}$
Anzahl der Elektronen	2	6	6	6	2
Energie-Eigenwerte	$E_{1,2,3}$	$E_{2,2,3}$	$E_{1,1,4}$	$E_{1,3,3}$	...
Anzahl der Elektronen	12	6	6	4	0

Die Fermi-Energie

Die Fermi-Energie E_F des Elektronengases erkannten wir schon, als wir die Wertetabelle anlegten, sie ist gleich $E_{1,3,3} = E_{3,1,3} = E_{3,3,1}$:

$$E_F = \frac{19h^2}{8M} \frac{1}{a^2}.$$

Die Nullpunkts-Energie

Wir addieren alle besetzten Einelektronenenergien und erhalten:

$$E_{\text{Gas}} = \frac{80h^2}{M} \frac{1}{a^2}.$$

Die mittlere Elektronenenergie

Das Verhältnis der mittleren Energie der fünfzig Elektronen bei $T = 0$ zu ihrer Fermi-Energie ist also gegeben durch:

$$\langle E \rangle = \frac{E_{\text{Gas}}}{50 E_F} = \frac{64}{95} E_F.$$

Das Verhältnis ist also kaum größer als das entsprechende Verhältnis für das „Gas" aus zehn Elektronen.

11.4. Ein Elektronengas, das den Namen verdient

So, wie wir oben gerechnet haben, kommen wir bei einem realistischen Gas natürlich nicht weit. Interessanter ist ein Gas, das aus sehr vielen Elektronen besteht, deren Wechselwirkung wir vernachlässigen wollen, eingeschlossen in einem Würfel. Wieder wollen wir bestimmen, wie sich die Elektronen im Grundzustand dieses Gases auf die Energie-Eigenwerte eines Elektrons verteilen, wie groß die Fermi-Energie, die Nullpunktsenergie und die mittlere Elektronenenergie des Gases sind.

Wenn wir dabei an das Gas der Leitungselektronen in einem Metallwürfel denken, so vernachlässigen wir auch hier die Kräfte des Ionengitters auf die Elektronen, wir behandeln also die Leitungselektronen auch hier wie freie Elektronen.

Anmerkung 11.1 *Da Silber eine Dichte von* $10500 \mathrm{kgm}^{-3}$ *hat, hätte ein Silberwürfel von* $1\mathrm{m}$ *Kantenlänge*

$$\frac{10500}{0,1079}\mathrm{mol} = 97312\mathrm{mol}$$

oder $5,85 \cdot 10^{28}$ *Leitungselektronen.*

11.4.1. Die Verteilung

Wie wir uns schon für kleine Elektronenzahlen überlegt haben, ist bei $T = 0$ definitionsgemäß kein Energie-Eigenwert oberhalb der Fermi-Energie besetzt und alle Energie-Eigenwerte unterhalb der Fermi-Energie sind doppelt besetzt, denn sonst ließe sich das Gas noch abkühlen. Da es nicht möglich ist für ein realistisches Elektronengas eine Wertetabelle mit allen besetzten Energieniveaus anlegen, müssen wir die Elektronenverteilung anders als für kleine Teilchenzahlen beschreiben. Denn wir brauchen sie, um die Fermi-Energie und daraus die Nullpunktsenergie und am Schluss auch den Entartungsdruck auszurechnen. Dazu stellen wir uns die Quantenzahl-Tripel (l, m, n) der Einelektronen-Energie-Eigenwerte als Punkte in einem abstrakten Raum vor. Jeder dieser Punkte hat als Koordinaten drei Quantenzahlen l, m, n; die Anordnung der Punkte bildet ein einfach kubisches Punktgitter. Diese Punkte kommen nur in einem Oktanten des Raumes vor, denn l, m und n sind positiv. Die Entfernung r eines dieser Punkte vom Koordinatenursprung nennen wir den Betrag des Radiusvektors dieses Tripels, sie ist nach Pythagoras die Wurzel der Quadratsumme der Quantenzahlen:

$$r = \sqrt{l^2 + m^2 + n^2}.$$

Und nach Gleichung (11.3) ist der Energie-Eigenwert eines Tripels von Quantenzahlen proportional zu dieser Quadratsumme seiner Quantenzahlen, also proportional zum Quadrat seines Radiusvektors, kurz

$$E_{l,m,n} \sim r^2.$$

Den Betrag des Radiusvektors zu einem Tripel mit der höchsten Einelektronen-Energie nennen wir Fermi-Radius R der Achtelkugel im Raum der Quantenzahlentripel. Also sind bei $T = 0$ alle Punkte des betrachteten Oktanten doppelt besetzt, deren Abstand vom Nullpunkt kleiner ist als der Fermi-Radius R und kein Punkt ist besetzt, dessen Abstand vom Nullpunkt größer ist als der Fermi-Radius R.

Satz 11.1 *Bei $T = 0$ sind alle diejenigen Quantenzahlen-Tripel (l, m, n) doppelt mit Elektronen besetzt, deren Punkte im Innern einer Achtelkugel mit dem Fermi-Radius R liegen.*

11.4.2. Die Fermi-Energie

Für das Volumen V der Achtelkugel zum Fermi-Radius können wir zwei Ausdrücke angeben, einen Ausdruck über den Zusammenhang zwischen Kugelvolumen und Kugelradius:

$$V = \frac{1}{8} \cdot \frac{4\pi}{3} R^3 = \frac{\pi}{6} R^3;$$

und einen Ausdruck, in dem wir abzählen, wie viele Quantenzahlen-Tripel überhaupt besetzt sind. Auf jeden der im Innern der Achtelkugel liegenden Gitterpunkte entfallen zwei der N Elektronen; die Elektronen, die genau auf der Kugeloberfläche liegen, vernachlässigen wir. In der Achtelkugel liegen also $\frac{N}{2}$ Gitterpunkte; in ihr sind also $\frac{N}{2}$ Würfelchen der Kantenlänge 1 dicht gestapelt, also

$$V = \frac{N}{2}.$$

So können wir den Fermi-Radius R durch die Elektronenzahl N ausdrücken:

$$R^3 = \frac{3N}{\pi}. \tag{11.4}$$

Wie die Fermi-Energie mit dem Fermi-Radius zusammenhängt, sehen wir über Gleichung (11.3). Diese Gleichung schreiben wir speziell für ein Tripel hin, dessen Energie-Eigenwert gleich der Fermi-Energie ist:

$$E_F = \frac{h^2}{8M} \frac{1}{a^2} R^2.$$

Wegen Gleichung (11.4) gilt

$$R^2 = \left(\frac{3N}{\pi}\right)^{\frac{2}{3}},$$

also

$$E_F = \left(\frac{3}{\pi}\right)^{\frac{2}{3}} \frac{h^2}{8M} \left(\frac{N}{a^3}\right)^{\frac{2}{3}}. \tag{11.5}$$

Die Fermi-Energie E_F eines Elektronengases hängt von der Zahl N der Elektronen und vom Volumen a^3 des Gases nur über das Verhältnis $\frac{N}{a^3}$ ab. Die Zahl N der Leitungselektronen eines Festkörpers ist proportional zum Volumen a^3 des Festkörpers, die Proportionalitätskonstante $\frac{N}{a^3}$ heißt die Teilchenzahldichte der Leitungselektronen oder ihre Konzentration, sie ist eine Materialkonstante. Also hat das Gas der Leitungselektronen eines großen Silberwürfels die gleiche Fermi-Energie wie das Gas der Leitungselektronen eines kleinen Silberwürfels. Die Fermi-Energie der Leitungselektronen ist eine Eigenschaft des Materials.

Beispiel 11.1
Wir wollen die Fermi-Energie der Leitungselektronen von Silber konkret berechnen. Wir erhalten die Fermi-Energie der Leitungselektronen von Silber über Gleichung (11.5) (siehe Anmerkung 11.1):
$$E_F = 8,80 \cdot 10^{-19} \mathrm{J}. \tag{11.6}$$

Die Zehnerpotenz in diesem Ergebnis erinnert uns an die Zehnerpotenz in der Elementarladung e in Coulomb: $e = 1,602177 \cdot 10^{-19}$ C. Darum ist es üblich, die Fermi-Energie auch in der atomaren Energieeinheit Elektronvolt auszudrücken; das ist die kinetische Energie, die ein Elektron erhält, wenn es durch die elektrische Spannung von einem Volt beschleunigt wird, wenn es also die potentielle elektrische Energie $e \cdot 1\mathrm{V}$ als kinetische Energie aufgenommen hat. Da gilt $1\mathrm{J} = 1\mathrm{CV}$, ist:

$$1\mathrm{J} = \frac{1}{1,602177 \cdot 10^{-19}} \mathrm{eV},$$

also:

$$E_F = 8,80 \cdot 10^{-19} \frac{1}{1,602177 \cdot 10^{-19}} \mathrm{eV} = 5,49 \mathrm{eV}.$$

11.4.3. Die Nullpunktsenergie

Die Summe dE der Einelektronen-Energien zwischen den Radien r und $r + dr$ im Raum der Punkte zu den Quantenzahl-Tripeln ist gegeben als Produkt zweier Terme:

$$dE = \frac{1}{2}\pi r^2 dr \cdot 2E_{l,m,n},$$

wobei $l^2 + m^2 + n^2 = r^2$. Der Term $\frac{1}{2}\pi r^2 dr$ ist das Volumen der Achtelschale zwischen den Kugeloberflächen der Radien r und $r + dr$, und er ist gleich der Zahl der Quantenzahlen-Punkte in der Achtelkugelschale der Dicke dr. Der Term $2E_{l,m,n}$ ist der Energiebeitrag eines solchen Punkts zur Summe dE. Mit dem Faktor 2 im zweiten Term berücksichtigen wir die Besetzung der Energie-Eigenwerte durch zwei Elektronen mit verschiedenen z-Komponenten des Spins. Nach Gleichung (11.3) erhalten wir so

$$\frac{dE}{dr} = \pi \frac{h^2}{8M} \frac{1}{a^2} r^4.$$

Durch Integration sehen wir, wie die gesamte Energie E in der Achtelkugel vom Radius R der Kugel abhängt:

$$E_{\text{Gas}} = \frac{\pi h^2}{40M} \cdot \frac{1}{a^2} \cdot R^5 + C.$$

Für $R = 0$ muss sich $E_{\text{Gas}} = 0$ ergeben, also ist die Integrationskonstante C gleich 0. Wenn wir Gleichung (11.4) heranziehen, erhalten wir

$$\begin{aligned} E_{\text{Gas}} &= \frac{\pi h^2}{40M} \cdot \frac{1}{a^2} \cdot \frac{3}{\pi} \cdot \left(\frac{3}{\pi}\right)^{\frac{2}{3}} \cdot N^{\frac{5}{3}}; \\ &= \frac{3}{5} \cdot \left(\frac{3}{\pi}\right)^{\frac{2}{3}} \cdot \frac{h^2}{8M} N \left(\frac{N}{a^3}\right)^{\frac{2}{3}}. \end{aligned} \quad (11.7)$$

11.4.4. Die mittlere Elektronenenergie

Im Ausdruck (11.7) erkennen wir Faktoren aus Gleichung (11.5), der Gleichung für die Fermi-Energie. So können wir die Gesamtenergie des Gases auf einfache Weise durch die Fermi-Energie ausdrücken, wir brauchen nur das Verhältnis der Ausdrücke der Gleichungen (11.7) und (11.5) zu bilden:

$$\frac{E_{\text{Gas}}}{E_F} = \frac{3}{5}N;$$

$$E_{\text{Gas}} = \frac{3}{5}NE_F. \tag{11.8}$$

Beispiel 11.2
Gleichung (11.8) macht es möglich, die gesamte kinetische Energie zu berechnen, die ein Elektronengas am absoluten Temperaturnullpunkt enthält. Betrachten wir wieder die Leitungselektronen eines Silberwürfels von einem Meter Kantenlänge bei $T = 0$: Wegen $N = 5,85 \cdot 10^{28}$ (siehe Anmerkung 11.1) und wegen Gleichung (11.6) haben sie die kinetische Energie:

$$E_{Gas} = 0,6 \cdot 5,85 \cdot 10^{28} \cdot 8,80 \cdot 10^{-19}\,\text{J} = 3,09 \cdot 10^{10}\,\text{J}. \tag{11.9}$$

Eine noch einfachere Gleichung als Gleichung (11.8) erhalten wir für die mittlere Elektronenenergie:

$$\langle E \rangle = \frac{3}{5}E_F. \tag{11.10}$$

Beispiel 11.3
Die Gesamtenergie des Gases der Leitungselektronen ist schon eine gewaltige Energie. Überlegen wir einmal, welche Geschwindigkeit wir dem ganzen Silberwürfel geben müssten, damit er diese

kinetische Energie bekäme. Ein Silberwürfel von einem Kubikmeter Rauminhalt hat eine Masse von $10,50 \cdot 10^3$ kg, die Geschwindigkeit v ergibt sich dann aus der Gleichung

$$0,5 \cdot 10,49 \cdot 10^3 v^2 \text{kg} = 3,09 \cdot 10^{10} \text{J};$$
$$v^2 = 5,89 \cdot 10^6 \frac{\text{m}^2}{\text{s}^2};$$
$$v = 2,43 \cdot 10^6 \frac{\text{m}}{\text{s}}.$$

Das sind über zwei Kilometer pro Sekunde. Allerdings ist diese Energie die Nullpunktsenergie der Leitungselektronen. Wir können sie dem Silberwürfel nicht entziehen.

Nach den Gleichungen (11.10) und (11.6) haben die Elektronen im Silberwürfel schon bei der absoluten Temperatur $T = 0$ die mittlere kinetische Energie

$$\langle E \rangle = 5,28 \cdot 10^{-19} \text{J}. \tag{11.11}$$

Dies wollen wir einmal mit der klassischen Physik vergleichen. Wir überlegen, bei welcher Temperatur die Elektronen nach der klassischen Theorie diesen Wert der mittleren kinetischen Energie hätten. Nach der klassischen Statistik gilt der Gleichverteilungssatz:

$$\langle E \rangle = \frac{3}{2} kT,$$

wobei k, mit $k = 1,380658 \cdot 10^{23} \text{JK}^{-1}$, die Boltzmann-Konstante bezeichnet. Wir setzen den Energiewert nach Gleichung (11.11) in den Gleichverteilungssatz ein und lösen die Gleichung nach der Temperatur auf:

$$T_{\text{Vergleich}} = \frac{\langle E \rangle}{\frac{3}{2} k} = 2,55 \cdot 10^4 \text{K}$$

das sind über 25000°C, jedes Metall wäre bei dieser Temperatur verdampft, denn unter Normalbedingungen siedet Eisen bei 2735°C, Wolfram bei 5660°C.

Definition 11.1 (Fermi-Temperatur) *Es ist üblich, das Verhältnis der Fermi-Energie E_F zur Boltzmann-Konstante k als Fermi-Temperatur oder Entartungstemperatur zu bezeichnen:*

$$T_F := \frac{E_F}{k}.$$

Die Fermi-Temperatur ist ein Parameter für den Grad der Entartung eines Fermionengases: Das Fermionengas ist stark entartet, wenn $T_F \gg T$ und es ist nicht entartet, wenn $T_F \ll T$, in diesem Fall gilt die klassische Statistik.

Die Fermi-Temperatur ist um den Faktor $2,5$ größer als die hier eingeführte Vergleichstemperatur:

$$T_F = \frac{5\langle E\rangle}{3k} = \frac{5}{3} \cdot \frac{3}{2} \cdot \frac{\langle E\rangle}{\frac{3}{2}k} = \frac{5}{2} T_{\text{Vergleich}}.$$

Wir staunen, welche kinetische Energie die Leitungselektronen eines Metalls wie Silber schon am absoluten Temperaturnullpunkt haben. Nach der klassischen Theorie müsste bei $T = 0$ jede Bewegung aufhören; die klassische Theorie gilt also nicht für die Leitungselektronen der Metalle. Die starke Bewegung der Leitungselektronen am absoluten Temperaturnullpunkt könnte einen entsprechenden Druck bewirken. Diesen Nullpunktsdruck nehmen wir uns als nächstes vor.

11.5. Der Nullpunktsdruck eines Elektronengases

Wir berechnen den Druck eines Elektronengases mit einer gegebenen Teilchenzahl in einem gegebenen Volumen am Nullpunkt der absoluten Temperatur. Dazu

- beweisen wir die Differentialgleichung $dW = -PdV$ für die Arbeit dW bei einer reversibel durchgeführten Änderung dV des Volumens eines beliebigen Gases.

- deuten wir diese Arbeit als Änderung dE_{Gas} der Gesamtenergie E_{Gas} eines Elektronengases und berechnen in einem zweiten Schritt nach Gleichung (11.5) die Zunahme $dE_{\text{Gas}} = -PdV$ der Energie des Elektronengases bei der Kompression um dV.

- übernehmen wir im dritten Schritt den so gefundenen Ausdruck für den Druck P des Elektronengases.

11.5.1. Die reversible Kompressionsarbeit

Nach Definition ist der Druck, den ein beliebiges deformierbares Medium auf ein ebenes Flächenstück ausübt, das Verhältnis der Kraft, mit der das Medium senkrecht gegen das Flächenstück drückt zu dem Inhalt des Flächenstücks, kurz:

$$P := \frac{F}{A}.$$

Der Widerstand, den ein Gas seiner Kompression entgegensetzt, ist der Gasdruck P. Um ein Gas zusammenzudrücken, müssen wir Arbeit gegen den Druck aufwenden. Wir verschieben eine senkrecht zur x-Achse stehende Wand, die das Gas begrenzt, und überwinden dabei ganz knapp die Kraft F_x des Gases gegen die Wand. Das tun wir unendlich langsam, so dass nur das Gasvolumen V verkleinert wird, denn weder die Wand noch das Gas sollen kinetische Energien erhalten. Dabei leisten wir die Arbeit dW:

$$dW = F_x \cdot (-dx) = PA_x \cdot (-dx) = P(-A_x dx) = -PdV.$$

Oder wir drücken eine Gaskugel von allen Seiten zusammen und ändern so ihren Radius von r zu $r + dr$, wobei dr negativ ist. Wir drücken unendlich langsam auf die Kugeloberfläche gegen die Kraft F_r und wenden dabei die Arbeit dW auf:

$$dW = -F_r dr = -PA_r dr = -PdV.$$

So oder so, beim Komprimieren übertragen wir Energie auf das Gas, die Energie des Gases nimmt zu, dV ist negativ:

$$dE_{\text{Gas}} = -PdV. \tag{11.12}$$

11.5.2. Die Ableitung der Energie des Elektronengases nach dem Volumen

Für ein Elektronengas können wir den Energiezuwachs dE_{Gas} zur Volumenänderung dV berechnen, denn wir kennen eine Gleichung zwischen der Gasenergie E_{Gas} und dem Gasvolumen a^3, nämlich Gleichung (11.7). Wir schreiben die rechte Seite von Gleichung (11.7) als Produkt eines konstanten Faktors mit $(a^3)^{-\frac{2}{3}}$. Den konstanten Faktor nennen wir C, und a^3 kürzen wir mit V ab:

$$E_{\text{Gas}} = CV^{-\frac{2}{3}}.$$

Die Terme dieser Gleichung differenzieren wir nach V und erhalten so eine zweite Gleichung zwischen dE_{Gas} und dV:

$$dE_{\text{Gas}} = -\frac{2}{3}CV^{-\frac{5}{3}}dV = -\frac{2}{3V}CV^{-\frac{2}{3}}dV = -\frac{2}{3V}E_{\text{Gas}}dV.$$

Der Koeffizient von dV in dieser Gleichung ist gleich dem entsprechenden Koeffizienten in Gleichung (11.12). So können wir den Druck zunächst mit der Nullpunktsenergie E_{Gas} und schließlich auch mit der Fermi-Energie E_F vergleichen:

$$P = \frac{2}{3}\frac{1}{V}E_{\text{Gas}} = \frac{2}{3}\frac{1}{V}N\langle E \rangle = \frac{2}{3}\frac{N}{V}\frac{3}{5}E_F,$$

wobei wir zuletzt Gleichung (11.10) gebraucht haben. Daher gilt

$$P = \frac{2}{5}\frac{N}{V}E_F. \qquad (11.13)$$

Das also ist der Elektronendruck bei $T = 0$. Natürlich hängt er nicht von der Größe des Volumens ab, weil V und N zu einander proportional sind.

Beispiel 11.4
Für das Gas der Leitungselektronen im Silberwürfel erhalten wir:

$$P = 0,4 \cdot 5,85 \cdot 10^{28}\mathrm{m}^{-3} \cdot 8,80 \cdot 10^{-19}\mathrm{kgm^2s^{-2}} = 2,06 \cdot 10^{10}\mathrm{Pa}.$$

Die Kräfte dieses ungeheuren Drucks werden durch die Anziehungskräfte des positiven Ionengitters auf die Leitungselektronen aufgehoben: Letztlich fliegen die Leitungselektronen nicht auseinander, sondern bleiben ordentlich im Silberwürfel beisammen.

Selbst am Temperaturnullpunkt sind die
Elektronen noch schneller als ich.

12. Entartete Gase unter Gravitation: Weiße Zwerge

> „Raffiniert ist der Herr Gott, aber boshaft ist er nicht."
> – Albert Einstein –

Physikalische Themen: Anwendung der Theorie des Elektronengases auf Weiße Zwerge

12.1. Die Weißen Zwerge 40 Eridani B und Sirius B

Ein Stern wird durch seinen Strahlungsdruck daran gehindert, unter seiner Gravitation zusammenzustürzen. Hat ein Stern seinen Brennstoff verbraucht, so kann der Strahlungsdruck der Gravitation nicht mehr entgegenwirken und der Stern kollabiert. Das Pauli-Verbot verhindert allerdings, dass der Stern, sofern seine Masse nicht zu groß ist, beliebig stark zusammenfällt. Ein Weißer Zwerg ist ein Stern, der durch den Entartungsdruck der Elektronen am weiteren Kollaps gehindert wird. Dadurch beinhaltet ein Weißer Zwerg ein entartetes Elektronengas, das wir näherungsweise mit der soeben ausgearbeiteten Theorie der Elektronengase modellieren können.

Das Erstaunliche an Weißen Zwergen ist ihre hohe Dichte. So hat der heute am besten bekannte Weiße Zwerg 40 Eridani B vielleicht genau die Hälfte der Sonnenmasse, aber nur einen Radius von gut einem Hundertstel des Sonnenradius. Aus Daten des Astrometriesatelliten HIPPARCOS wurden in [S+97, S. L44] und

[P+98, S. 762] mit bisher unerreichter Genauigkeit die Masse und der Radius des Weißen Zwerges bestimmt.

$$M_{40\,\text{Eri B}} = (0,501 \pm 0,011) M_{\text{Sol}};$$
$$R_{40\,\text{Eri B}} = (0,0136 \pm 0,0002) R_{\text{Sol}}.$$

Der uns nächste Weiße Zwerg, Sirius B, hat etwas mehr Masse als die Sonne, und sein Radius ist sogar noch kleiner als ein Hundertstel des Sonnenradius. Auch seine Parameter wurden aus Messdaten von HIPPARCOS in [P+98, S. 762] und [H+98, S. 941] neu bestimmt:

$$M_{\text{Sirius B}} = (1,000 \pm 0,016) M_{\text{Sol}};$$
$$R_{\text{Sirius B}} = (0,0084 \pm 0,0002) R_{\text{Sol}};$$

bzw.

$$M_{\text{Sirius B}} = (1,034 \pm 0,026) M_{\text{Sol}};$$
$$R_{\text{Sirius B}} = (0,0084 \pm 0,00025) R_{\text{Sol}}.$$

Diese Werte der Sterne lassen sich folgendermaßen verstehen: Sowohl 40 Eridani B als auch Sirius B dürften einen Kohlenstoffkern besitzen und sich als Einzelsterne entwickelt haben ([S+97, S. L46], [P+98, S. 759], [H+98, S. 941]).

Wir verzichten jetzt und im Folgenden auf die Einbeziehung der Fehler, dies wäre eigentlich noch erforderlich. Für Sirius B verwenden wir jeweils den Durchschnitt der Werte der beiden Arbeiten. Die Dichte dieser Sterne ist enorm. Die mittleren Dichten $\langle \rho \rangle$ ergeben sich bei einer Sonnenmasse von $M_{\text{Sol}} = 1,988 \cdot 10^{30}$ kg und einem Sonnenradius von $R_{\text{Sol}} = 6,961 \cdot 10^{8}$ m aus

$$\langle \rho \rangle = \frac{3M}{4\pi R^3}$$

für 40 Eridani B zu $2,8 \cdot 10^{8}$ kgm^{-3} und für Sirius B zu $2,4 \cdot 10^{9}$ kgm^{-3}. Diese Dichten sind viel größer als alle Dichten, die wir von der Erde her kennen.

12.2. Massendichte und Elektronenzahldichte

Die Materie eines Weißen Zwerges kleinerer Masse, ohne schwerere Elemente, ist vollständig ionisiert, sie besteht nur aus Atomkernen und Elektronen. Nur in Weißen Zwergen höherer Masse kann es auch Atomrümpfe geben, die schwereren Atomkerne können auch Elektronen an sich binden [Kap80]. Die Atomkerne machen den größten Teil der Masse des Sterns aus, aber sein Volumen bestimmen im wesentlichen die Elektronen. Um dieses Sternvolumen abzuschätzen, wollen wir im Abschnitt 12.3 zu gegebener Masse des Sterns die Zahl aller Elektronen im Stern bestimmen. Vorher wollen wir ein Gefühl vom Verhältnis der Massendichte ρ der Sternmaterie zu ihrer Elektronenzahldichte n_e gewinnen, wir brauchen es hier und später im Abschnitt 12.5.3, wo wir verfolgen wollen, wie der Druck und damit auch die Massendichte mit der Tiefe zunimmt. Dieses Verhältnis $\frac{\rho}{n_e}$ hat die Dimension einer Masse. Wenn wir diese Masse durch die atomare Masseneinheit u teilen, erhalten wir eine dimensionslose Zahl μ_e. In der Standardtheorie Weißer Zwerge wird die chemische Zusammensetzung des Sterns durch den Mittelwert dieses Parameters μ_e berücksichtigt [Lan80, S. 241]. Subrahmanyan Chandrasekhar, „arguably the greatest astrophysicist of the century" [Van98, S. 46] hatte in den dreißiger Jahren aus der Theorie des relativistisch entarteten Elektronengases bewiesen, dass ein Weißer Zwerg kollabiert, wenn seine Masse einen kritischen Wert überschreitet. Daraus erklären sich auch die Supernovae vom Typ I. Dieser kritische Wert hängt von der chemischen Zusammensetzung des Sterns ab und Chandrasekhar erfasste sie als Abhängigkeit vom mittleren Parameter $\langle \mu_e \rangle$ [Cha90, S. 23];[Lan80, S. 241]:

$$M_{\text{krit}} = \frac{5,836 M_{\text{Sol}}}{\langle \mu_e \rangle^2}.$$

Definition 12.1 (Molekülmasse pro Elektron) *Klassisch ist* *die Größe μ_e definiert als die Molekülmasse pro Elektron:*

$$\mu_e := \frac{1}{u}\frac{\rho}{n_e}, \tag{12.1}$$

wobei u die atomare Masseneinheit ist.

Durch diese Gleichung wollen wir μ_e definieren. Nennen wir μ_e die auf ein Elektron bezogene relative Molekülmasse von Sternmaterie oder die relative Molekülmasse der Sternmaterie pro Elektron. Durch Gleichung (12.1) ist μ_e auf die lokale Massendichte ρ und lokale Elektronenzahldichte n_e zurückgeführt. Wollen wir die Größe μ_e verstehen, müssen wir die beiden anderen Größen ρ und n_e vorher verstanden haben.

12.2.1. Lokale Massen- und Elektronenzahldichte

Was heißt lokale Dichte? Wir wollen die Dichte grundsätzlich als Funktion des Ortes beschreiben. Konkret denken wir an die Massendichte im Innern eines Weißen Zwerges, die zum Mittelpunkt des Sterns hin größer und größer wird. Weil sich die Dichte der Sternmaterie von Ort zu Ort ändert, wird die mittlere Dichte eines Volumenelements, das einen bestimmten Punkt enthält, im allgemeinen nicht genau gleich der lokalen Dichte an diesem Punkt sein, das wäre ein großer Zufall.

Exakt definieren können wir die lokale Dichte, indem wir eine unendliche Folge von mittleren Dichten für Volumenelemente betrachten, die alle den Punkt enthalten und deren Volumina gegen Null streben. Die lokale Massendichte $\rho(x,y,z)$ am Punkt $(x;y;z)$ können wir dann als Grenzwert dieser unendlichen Folge von mittleren Dichten definieren, deren Volumenelemente sich auf diesen Punkt zusammenziehen. Kurz:

$$\rho(x,y,z) := \lim_{\Delta V \to 0} \frac{\Delta M(x,y,z)}{\Delta V}. \tag{12.2}$$

Entsprechend definieren wir die lokale Elektronenzahldichte:

$$n_e(x,y,z) := \lim_{\Delta V \to 0} \frac{\Delta N_e(x,y,z)}{\Delta V}. \qquad (12.3)$$

Die lokale Massendichte können wir uns halbwegs als Funktion des Ortes vorstellen, obwohl wir vom Elektron und von den Quarks nicht mit Sicherheit wissen, ob sie nicht doch punktförmig sind. Doch die lokale Teilchenzahldichte ist an fast allen Punkten gleich Null, nur nicht an den endlich vielen Punkten, an denen sich die Mittelpunkte unserer Elektronen befinden; aber an jedem dieser Punkte ist die lokale Teilchenzahldichte unendlich groß. Denn der Grenzwert einer Folge von Brüchen, deren Zähler einheitlich gleich Eins ist, deren Nenner aber immer kleiner werden, ist eben unendlich groß, oder in der Sprache der Mathematik: Die mittleren Dichten der Folge (12.3) wachsen über alle Grenzen, ein Grenzwert existiert für sie nicht. Daher können wir uns die lokale Teilchenzahldichte nicht als Funktion vorstellen.

Die exakten Grenzwerte der Folgen (12.2) und (12.3) sind mikroskopische Dichten: Dichten, in denen jedes Teilchen wiedergegeben wird. Trotz der Unendlichkeiten, der Singularitäten, haben diese Dichten ihren mathematischen Sinn, nur muss für sie der Funktionsbegriff verallgemeinert werden. Dirac hat eine verallgemeinerte „Funktion" eingeführt, unter anderem um den Begriff der Dichte auf ein System von Punktmassen zu übertragen, die δ-„Funktion". Mathematisch ist sie als „Distribution" abgesichert.

Wir brauchen hier keine Distributionen, denn um mikroskopische Dichten geht es uns nicht. Wir wollen die lokale Massendichte und die lokale Elektronenzahldichte als makroskopische Dichten verstehen, als Funktionen des Ortes, deren Werte sich auf der mikroskopischen Skala nicht mehr ändern. Uns interessiert doch nicht, wie sich die Dichte der Sternmaterie ändert, wenn der Ort um einen Femtometer verschoben wird. Uns interessieren geglättete Dichten, deren Werte über mikroskopische Bereiche gemittelt sind. Um makroskopische Dichten zu erhalten, brechen wir den Grenzübergang ab, lange bevor sich die Unstetigkeiten bemerkbar machen. Wir könnten zum Beispiel verabreden, die Folge abzubrechen, sobald der Rauminhalt des Volumenelements einen Kubikmeter oder einen Kubikmillimeter erreicht hat. So können wir uns etwas unter der lokalen Massendichte und der lokalen Elektronenzahldichte vorstellen und können das Verhältnis dieser Dichten ausrechnen, besonders bequem für isotopenreine Materie.

Beispiel 12.1
Wir berechnen die relative Molekülmasse μ_e pro Elektron zunächst allgemein für Sterne, die nur aus Atomkernen eines Isotops und ihren Elektronen bestehen, und danach speziell für Weiße Zwerge, die nur aus dem Helium-Isotop ^{4}He oder nur aus dem Kohlenstoffisotop ^{12}C aufgebaut sind. Wenn die leichtesten Normalsterne von heute einmal zu Weißen Zwergen geworden sind, Sterne mit $0,4$ Sonnenmassen oder weniger, dann sind sie reine Heliumsterne, vielleicht mit einer akkretierten Wasserstoffatmosphäre. Bis dahin vergeht aber noch eine Weile. Die relative Atommasse $A_{\text{He}4}$ eines ^{4}He-Atoms ist gleich $4,00260324 \pm 0,00000050$ [WA85, S. 13], die relative Atommasse $A_{\text{C}12}$ eines ^{12}C-Atoms ist nach Definition der atomaren Masseneinheit gleich 12.

Statt mit den Grenzdichten rechnen wir also mit mittleren Dichten zu hinreichend kleinen Volumenelementen. So erhalten wir mit einem Fehler, den wir getrost vernachlässigen dürfen:

$$\frac{\rho}{n_e} = \frac{\frac{\Delta M}{\Delta V}}{\frac{\Delta N_e}{\Delta V}} = \frac{\Delta M}{\Delta N_e}.$$

Haben wir das Volumenelement ΔV groß genug gewählt, so ist eine große Anzahl vollständig ionisierter Atome in ihm und sein Verhältnis $\frac{\Delta M}{\Delta N_e}$ ist so groß wie das Verhältnis $\frac{\Delta M}{\Delta N_e}$ für ein einzelnes vollständig ionisiertes Atom: Wie die Atommasse, dividiert durch die Anzahl der Atomelektronen, oder anders gesagt, wie das Verhältnis $\frac{A}{Z}$ der relativen Atommasse A zur Ordnungszahl Z, multipliziert mit der atomaren Masseneinheit u:

$$\frac{\rho}{n_e} = \frac{A}{Z} u \quad \text{(für einen isotopisch reinen Stern).} \tag{12.4}$$

Also gilt nach Definition von μ_e:

$$\mu_e = \frac{A}{Z} \quad \text{(für einen isotopisch reinen Stern).} \tag{12.5}$$

Für einen Stern, dessen Materie nur aus einem Isotop besteht, ist also die relative Molekülmasse μ_e pro Elektron einfach das Verhältnis der relativen Atommasse A seiner Materie zu ihrer Ordnungszahl Z.

Ein Stern, der nur aus Helium des Isotops ^{4}He besteht und vollständig ionisiert ist, hat in seinem Innern nur α-Teilchen und doppelt so viele Elektronen, denn ein ^{4}He-Atom besteht aus einem α-Teilchen, dem ^{4}He-Atomkern und zwei Elektronen. Auf jedes Elektron entfällt also die halbe Masse eines Heliumatoms. Für reine ^{4}He-Sterne gilt:

$$\mu_e = \frac{1}{2} A_{He\,4};$$

Konkret:

$$\mu_e = 2,00130162 \pm 0,00000025.$$

Für einen Stern aus dem Kohlenstoffisotop ^{12}C (vollständig ionisiert) wäre die relative Molekülmasse μ_e pro Elektron eine ganze Zahl: Ein Kohlenstoffatom besteht aus dem Kohlenstoffatomkern und sechs Elektronen. Wenn nur ^{12}C-Atomkerne in Frage kommen, entfällt nach Definition der atomaren Masseneinheit u auf jedes Elektron die relative Molekülmasse eines Sechstels von zwölf. Also würde für reine ^{12}C-Sterne gelten:

$$\mu_e = \frac{1}{6} A_{C\,12} = 2.$$

Druck im Weißen Zwerg

Wir schreiben eine früher gewonnene Zustandsgleichung zwischen dem Druck P und der Elektronenzahldichte n_e als Gleichung zwischen dem Druck P und der (lokalen) Massendichte ρ. Den Druck können wir über die Gleichungen (11.13) und (11.5) ausrechnen. Es gilt:

$$P = \frac{2}{5}\frac{N}{V}E_F. \qquad (11.13)$$

In diesen Term setzen wir Gleichung (11.5) für die Fermi-Energie ein, dann erhalten wir:

$$P = \left(\frac{3}{\pi}\right)^{\frac{2}{3}} \frac{h^2}{20M} \frac{N}{V} \left(\frac{N}{a^3}\right)^{\frac{2}{3}}.$$

Nun erinnern wir uns: a war die Seitenlänge eines Würfels, also gilt $a^3 = V$. Außerdem ist $\frac{N}{V} = n_e$. Damit erhalten wir:

$$P = \left(\frac{3}{\pi}\right)^{\frac{2}{3}} \frac{h^2}{20M} n_e^{\frac{5}{3}}. \qquad (12.6)$$

Nun drücken wir die Elektronenzahldichte n_e durch die Massendichte ρ aus, indem wir die Definitionsgleichung (12.1) für die relative Molekülmasse μ_e pro Elektron nach der Elektronenzahldichte n_e auflösen:

$$n_e = \frac{1}{\mu_e u}\rho.$$

Diesen Term setzen wir in die gegebene Zustandsgleichung (12.6) ein. So erhalten wir die gesuchte Zustandsgleichung zwischen dem Druck P und der Massendichte ρ:

$$P = \beta \rho^{\frac{5}{3}}; \quad \beta := \left(\frac{3}{\pi}\right)^{\frac{2}{3}} \frac{h^2}{20M} (\mu_e u)^{-\frac{5}{3}}. \qquad (12.7)$$

Diese Zustandsgleichung beschreibt einen ganz anderen Zusammenhang zwischen Dichte und Druck als die entsprechende Zustandsgleichung für Gase, in denen wir leben und die wir ein- und ausatmen. In Gleichung (12.7) geht die Temperatur überhaupt nicht ein. Das hat erhebliche Folgen für die Entwicklung der Sterne und ist ein Thema für sich.

Nachdem wir uns mit dem Begriff der relativen Molekülmasse μ_e pro Elektron vertraut gemacht haben, sind wir soweit, die Zahl N_e der Elektronen eines Weißen Zwerges aus seiner Masse $M_{\rm WZ}$ und seiner relativen Molekülmasse μ_e pro Elektron zu berechnen.

12.3. Die Zahl der Elektronen in einem Weißen Zwerg

Wir berechnen die Zahl N_e der Elektronen in einem Weißen Zwerg der Masse $M_{\rm WZ}$, insbesondere für 40 Eridani B und Sirius B. Wir nehmen an, dass diese Sterne Heliumsterne mit einem entarteten Kohlenstoffkern sind.

Beispiel 12.1 entnehmen wir, dass μ_e für die Materie in der Heliumhülle bei 2,0013 liegt und im Kohlenstoffkern bei 2. Weil die vielleicht 100km dicke Heliumhülle des Sterns nur einen kleinen Teil der Sternmasse ausmacht, vernachlässigen wir den Heliumanteil und rechnen mit dem Kohlenstoffwert $\mu_e = 2$.

Für einen Stern, der nur aus den Atomkernen eines Isotops und den zugehörigen Elektronen besteht, gilt nach den Gleichungen (12.4) und (12.5):
$$\frac{\rho}{n_e} = \mu_e u,$$
also:
$$\rho(x,y,z) = \mu_e u n_e(x,y,z). \tag{12.8}$$

Die beiden makroskopischen Dichten in Gleichung (12.8) denken wir uns als mittlere Dichten zu Volumenelementen mit gleichem

Rauminhalt:
$$\frac{\Delta M(x,y,z)}{\Delta V} = \mu_e u \frac{\Delta N_e(x,y,z)}{\Delta V}.$$

Dafür gilt also:
$$\Delta M(x,y,z) = \mu_e u \Delta N_e(x,y,z). \qquad (12.9)$$

Addieren wir die Massenelemente $\Delta M(x,y,z)$ von allen Volumenelementen der Sternenkugel, so erhalten wir die Gesamtmasse M_{WZ} des Sterns, und addieren wir entsprechend alle Elektronenzahlelemente $\Delta N_e(x,y,z)$, so erhalten wir die Gesamtzahl N_e aller Elektronen des Sterns. Wegen Gleichung (12.9) gilt also:

$$M_{\text{WZ}} = \mu_e u N_e, \qquad (12.10)$$

also
$$N_e = \frac{M_{\text{WZ}}}{\mu_e u}. \qquad (12.11)$$

Wir hätten natürlich die Terme beider Seiten von Gleichung (12.8) auch einfach über das Volumen der Sternenkugel integrieren können, um direkt Gleichung (12.10) zu erhalten.

Wenn 40 Eridani B also ganz aus Kohlenstoff bestünde, erhielten wir nach Gleichung (12.11) wegen $\mu_e = 2$:

$$N_e^{(\text{40 Eri B})} = \frac{1,98892 \cdot 10^{30}\text{kg}}{2 \cdot 1,6605402 \cdot 10^{-27}\text{kg}} \cdot 0,501 = 3,00 \cdot 10^{56}.$$

Wenn Sirius B ganz aus Kohlenstoff bestünde, würde für seine Elektronenzahl gelten:

$$N_e^{(\text{Sirius B})} = 6,09 \cdot 10^{56}.$$

In den später folgenden Abschnitten wollen wir für nichtrelativistische und nicht vollständig relativistische Weiße Zwerge ausrechnen, wie ihr Radius von der Masse des Sterns abhängt.

Vorher wollen wir abschätzen, mit welchen Geschwindigkeiten die Elektronen in unseren wohlbekannten Weißen Zwergen 40 Eridani B und Sirius B herumfliegen: Dazu berechnen wir die Fermi-Geschwindigkeit der Elektronengase dieser Sterne, die größte Geschwindigkeit der Elektronen dieser Weißen Zwerge, wenn die Temperatur überall in den Weißen Zwergen gleich der absoluten Temperatur Null wäre.

Aber aus der Quantentheorie erhalten wir die Fermi-Geschwindigkeit eines Elektronengases nicht unmittelbar, sondern erst seinen Fermi-Impuls. Im Rahmen der Newtonschen Physik für Elektronengeschwindigkeiten, die klein im Vergleich zur Lichtgeschwindigkeit sind, unterscheidet sich dieser Impuls p_F nur durch einen konstanten Faktor, die Elektronenruhemasse M_0, von der Geschwindigkeit v_F. Das gilt auch für die Gase der Leitungselektronen in metallischen Festkörpern, siehe Kapitel 11. So bequem haben wir es hier nicht: Wir werden gleich sehen, dass die Fermi-Geschwindigkeiten der Elektronengase unserer beiden Weißen Zwerge mit der Lichtgeschwindigkeit vergleichbar sind. Darum müssen wir ein wenig Spezielle Relativitätstheorie benutzen, um aus dem Fermi-Impuls die Fermi-Geschwindigkeit zu berechnen. Dabei tun wir zunächst so, als wäre der Fermi-Impuls überall im Stern gleich groß. Später wollen wir genauer rechnen.

12.4. Die Fermi-Geschwindigkeit

Nun berechnen wir den Fermi-Impuls des Elektronengases eines Weißen Zwerges.

In der klassischen Physik, besonders in der klassischen Statistik, ist der Phasenraum eines Teilchens ein wichtiger Begriff. Statt Phasenraum könnten wir Zustandsraum sagen, das Wort Phase hat hier nichts mit der Phase einer Welle oder dem Phasenübergang von einem Aggregatzustand in einen anderen zu tun. Der

Phasenraum eines Teilchens also ist der sechsdimensionale Raum der drei Ortskoordinaten und der drei Impulskoordinaten dieses Teilchens. Ist ein Teilchen auf ein Volumen V_{Ort} im Ortsraum und ein Volumen V_{Impuls} im Impulsraum beschränkt, so ist es im Phasenraum auf das zugehörige Phasenraumvolumen beschränkt, für das gilt: $V_{\text{Phase}} = V_{\text{Ort}} V_{\text{Impuls}}$. Nach der Quantenmechanik gilt als Verschärfung des Heisenbergschen Unbestimmtheitsprinzips, dass ein Teilchen auf kein kleineres Volumen des Phasenraumes als ein Volumen h^3 beschränkt sein kann:

$$V_{\text{Ort}} V_{\text{Impuls}} = h^3. \tag{12.12}$$

Zum richtig geformten Phasenraum-Volumen der Größe h^3 gehört nach der Quantenmechanik genau ein Quantenzustand [Kit73, S. 433f].

Gehört also ein Elektron im Ortsraum zu einem Weißen Zwerg mit dem Radius R_{WZ}, so ist es im Impulsraum über ein Volumen V_{Impuls} verschmiert, das gegeben ist durch die Gleichung:

$$V_{\text{Impuls}} = \frac{3}{4\pi} R_{\text{WZ}}^{-3} h^3. \tag{12.13}$$

Kennen wir den Radius und die Elektronenzahl eines weißen Zwerges, so wollen wir nun den Fermi-Impuls p_F berechnen. Weil zum Phasenraum-Zellenvolumen (12.12) abgesehen vom Spin genau ein Quantenzustand gehört, passen nach dem Paulischen Ausschließungsprinzip höchstens zwei Elektronen in eine Impulsraumzelle mit dem Volumen V_{Impuls} nach Gleichung (12.13). Am absoluten Temperaturnullpunkt, bei $T = 0$, füllen $\frac{N}{2}$ Elektronenpaare auch $\frac{N}{2}$ derartige Zellen aus, insgesamt ein Impulsraum-Volumen von $\frac{N}{2} V_{\text{Impuls}}$, ein Impulsvolumen in Form einer Kugel um den Null-Impuls, der Fermi-Kugel. Ihr Radius, der größte Elektronenimpuls bei $T = 0$, heißt Fermi-Impuls p_F:

$$\frac{4\pi}{3} p_F^3 = \frac{N}{2} V_{\text{Impuls}}.$$

Hier setzen wir das Volumen V_Impuls der Impulsraum-Zelle eines Elektrons nach Gleichung (12.13) ein:

$$\frac{4\pi}{3}p_F^3 = \frac{N}{2}\frac{3}{4\pi}R_\text{WZ}^{-3}h^3.$$

Schließlich erhalten wir

$$p_F = \sqrt[3]{\frac{9N}{32\pi^2}}\,hR_\text{WZ}^{-1}.$$

Für 40 Eridani B ist also der Fermi-Impuls gegeben durch:

$$p_F^{(40\text{ Eri B})} = \frac{\left(\frac{9\cdot 3{,}00\cdot 10^{56}}{32\pi^2}\right)^{\frac{1}{3}} \cdot 6{,}626\cdot 10^{-34}\text{kgm}^2}{0{,}0136\cdot 6{,}96\cdot 10^8\text{ms}} = 1{,}43\cdot 10^{-22}\frac{\text{kgm}}{\text{s}}$$

und für Sirius B entsprechend:

$$p_F^{(\text{Sirius B})} = 2{,}93\cdot 10^{-22}\text{kgms}^{-1}.$$

Wir vermuten, dass die Größen der Fermi-Impulse Ihnen wenig sagen, aber die zugehörigen Geschwindigkeiten dürften Sie interessieren. Die Fermi-Geschwindigkeiten ergeben sich aus der Definition des Impulses im Zusammenhang mit der relativistischen Geschwindigkeitsabhängigkeit der Masse (siehe Kapitel 2.4.1). Zum gegebenen Impuls p eines Teilchens berechnen wir allgemein dessen Geschwindigkeit v und damit die Fermi-Geschwindigkeiten der Elektronengase von 40 Eridani B und Sirius B. Nach der Speziellen Relativitätstheorie gilt nach Gleichung (2.10):

$$p = \frac{M_0}{\sqrt{1-\beta^2}}v.$$

Also gilt:

$$\frac{p}{M_0 c} = \frac{\beta}{\sqrt{1-\beta^2}}.$$

Diese Gleichung quadrieren wir und erhalten so:

$$\frac{p^2}{M_0^2 c^2} = \frac{\beta^2}{1-\beta^2}.$$

Den dimensionslosen Term auf der linken Seite dieser Gleichung können wir zu den Gegebenheiten p, M_0, c ausrechnen, wir nennen ihn α:

$$\frac{p^2}{M_0^2 c^2} =: \alpha$$

Über α berechnen wir β:

$$\beta^2 = \alpha(1-\beta^2);$$
$$\alpha = \beta^2 + \alpha\beta^2;$$
$$\beta^2 = \frac{\alpha}{1+\alpha}.$$

Und über β erhalten wir schließlich die gesuchte Geschwindigkeit v:

$$v = \left(\frac{\alpha}{1+\alpha}\right)^{\frac{1}{2}} c.$$

Endlich erfahren wir, wie nahe die Elektronengeschwindigkeiten in Weißen Zwergen der Lichtgeschwindigkeit sind. Für das Elektronengas von 40 Eridani B gilt:

$$v_F^{(40\text{ Eri B})} = \left(\frac{0,2746830}{1+0,2746830}\right)^{\frac{1}{2}} c = 1,39 \cdot 10^8 \text{ms}^{-1}.$$

Die Fermi-Geschwindigkeit der Elektronen in Sirius B muss noch größer sein:

$$v_F^{(\text{Sirius B})} = 2,19 \cdot 10^8 \text{ms}^{-1}.$$

Bei $T = 0$ beträgt also die größte Geschwindigkeit der Elektronen von 40 Eridani B immerhin 46% der Lichtgeschwindigkeit, die von Sirius B sogar 73% der Lichtgeschwindigkeit.

Viele Elektronen dieser Weißen Zwerge sind also durchaus relativistisch entartet, aber extrem relativistisch, oder wie Chandrasekhar sagt, vollständig relativistisch entartet sind die Elektronengase dieser Weißen Zwerge nicht. Wenn wir also zum Fermi-Impuls die Fermi-Energie oder damit zusammenhängende Größen dieser beiden Weißen Zwerge ausrechnen wollen, müssen wir aufpassen: Für relativistische Teilchen hängen Impuls und kinetische Energie anders miteinander zusammen als für nichtrelativistische Teilchen.

12.5. Die Beziehung zwischen Masse und Radius eines Weißen Zwerges

Im Folgenden rechnen wir drei unterschiedliche Näherungen, in denen wir jedesmal die Größe eines Weißen Zwerges gegebener Masse berechnen, genauer gesagt, den Radius als Funktion der Masse bestimmen. In der ersten Näherung kommen wir mit allgemeinen oder mit halbklassischen Überlegungen aus, in den beiden folgenden brauchen wir Ergebnisse der Quantenmechanik des Elektronengases:

- In der leichtesten Rechnung bestimmen wir die Masse-Radius-Beziehung für drei verschiedene Modelle bestimmen, die eines gemeinsam haben: In ihnen werden die Weißen Zwerge nicht durch Gravitation zusammengehalten. Auch in den bisherigen Modellrechnungen haben wir die Gravitation noch nicht berücksichtigt, die Newtonsche Gravitationskonstante kommt in keiner Formel vor. Natürlich müssen irgendwelche Kräfte das Ganze verbinden, sonst würde es auseinanderlaufen. Es soll nur nicht die Schwerkraft sein. Denken Sie an eine magnetische Flasche, in der das Elektronengas eingeschlossen sein soll oder an eine Art chemischer Bindung, aber nicht die uns bekannte, sonst wäre der Weiße Zwerg kein Zwerg mehr. Oder machen Sie sich überhaupt keine Gedanken über die Bindungskräfte. Weil wir dabei die Gravitation überhaupt nicht berücksichtigen, nennen wir diese Modelle nullte Näherungen.

- In der darauf folgenden Rechnung, die wir eine erste Näherung nennen, ziehen wir eine Energiebilanz: Wir suchen denjenigen Radius eines Weißen Zwerges, für den die Gesamtenergie des Weißen Zwerges am kleinsten ist. Die Gesamtenergie schreiben wir als Summe der Nullpunktsenergie des Elektronengases und der Gravitationsenergie des Sterns, beide abhängig vom Radius des Sterns. Die Nullpunktsenergie berechnen wir so, als wäre die Elektronendichte überall im Stern gleich groß. Das stimmt natürlich nicht, aber nach dieser Annahme ist die Rechnung schön kurz.

- In einer anderen ersten Näherung, unabhängig von der vorigen, leiten wir zunächst eine oft genutzte Formel her, eine Näherungsgleichung für den Zentraldruck eines Himmelskörpers, ausgedrückt durch die mittlere Dichte und den Radius des Himmelskörpers. Noch eine Näherungsgleichung zwischen dem Zentraldruck und der mittleren Dichte erhalten wir aus der Zustandsgleichung der Materie eines Weißen Zwerges. Indem wir beide Ausdrücke für den Zentraldruck gleichsetzen, finden wir, dass der Radius des Weißen Zwerges umgekehrt proportional zur dritten Wurzel seiner Masse ist, die korrekte Proportionalität für Weiße Zwerge mit nichtrelativistisch entarteten Elektronengasen.

12.5.1. Freiraum für die Elektronen: Nullte Näherungen

Weiße Zwerge ohne Gravitation? Natürlich gibt es keine Weißen Zwerge ohne Gravitation: Die Schwerkraft und keine andere Kraft drückt die Materie eines Sterns von Sonnenmasse auf Erdgröße zusammen. Die Lösungen zu den ersten beiden Modellen sind mit einer oder zwei Zeilen hingeschrieben; die Lösung zum dritten Modell ist eine Umkehrung der halbklassischen Rechnungen des vorigen Abschnitts. Wir bestimmen die Masse-Radius-Beziehung für folgende Modelle von Weißen Zwergen ohne Gravitation:

1. Alle Weißen Zwerge haben das gleiche kugelförmige Volumen, zum Beispiel weil sie in kugelförmigen magnetischen Flaschen gleichen Innenvolumens eingeschlossen sind.

2. Jeder Weiße Zwerg soll aus der gleichen inkompressiblen Materie bestehen, ihren Zusammenhalt denken wir uns durch elektromagnetische Kräfte verwirklicht ähnlich den Kräften, die metallische Festkörper und metallische Flüssigkeiten zusammenhalten.

3. Alle Weißen Zwerge haben den gleichen Fermi-Impuls, nämlich $p_F = M_e c$, wobei M_e die Ruhemasse des Elektrons bedeutet. Das hieße also

$$p_F = 2,73 \cdot 10^{-22} \text{kgms}^{-1}.$$

Dieser Wert liegt durchaus in dem Bereich der vorher berechneten Impulse.

Wir gehen aus von der Masse M und suchen den Radius R. Wir verwenden die Definitionsgleichung der mittleren Dichte, angewandt auf eine Sternenkugel:

$$\langle \rho \rangle := \frac{3M}{4\pi R^3}, \qquad (12.14)$$

die Gleichung für die Zellengröße im Phasenraum, die einem Quantenzustand eines Teilchens entspricht:

$$V_{\text{Ort}} V_{\text{Impuls}} = h^3 \qquad (12.15)$$

und die Definitionsgleichung der relativen Molekülmasse pro Elektron:
$$\mu_e := \frac{\rho}{u n_e}.$$

In Modell 1 sind die Weißen Zwerge Gaskugeln mit dem gleichen gegebenen Radius R, der Radius hängt überhaupt nicht von der Masse ab. Das Modell ist, wie zu erwarten war, nicht besonders sinnvoll.

Die Weißen Zwerge des Modells 2 sind Gaskugeln der gleichen gegebenen Dichte. Ihre Masse-Radius-Beziehung folgt einfach aus der Definition der mittleren Dichte einer Kugel, siehe die Gleichung (12.14):
$$M = \langle \rho \rangle \frac{4\pi}{3} R^3,$$
also
$$R = \sqrt[3]{\frac{3}{4\pi} \frac{M}{\langle \rho \rangle}}.$$

Dieses Modell ist der Wirklichkeit etwas näher als das vorige: Es erklärt die Größe der Weißen Zwerge aus einer inneren Eigenschaft der Materie, wenn auch mit elektromagnetischen Kräften, die für den Zusammenhalt der Weißen Zwerge keine Rolle spielen. Wir merken uns, dass die Voraussetzung einer überall gleichen mittleren Dichte der Weißen Zwerge eine Masse-Radius-Beziehung zur Folge hat, wonach der Radius proportional zur dritten Wurzel der Masse ist.

Im Modell 3 schränkt die Voraussetzung $p_F = M_e c$ ein Elektronengas bei $T = 0$ auf ein endliches Volumen des Impulsraumes ein: Bei $T = 0$ verteilen sich die Elektronen auf die Eigenzustände der niedrigsten Energien des Ein-Elektronen-Problems. Dabei wird jeder Eigenzustand einer Energie unterhalb der Fermi-Energie von einem Elektronenpaar mit verschiedenen Spins besetzt sein. Wir erinnern uns an die Zelleneinteilung im Phasenraum: Nach der Quantenmechanik wie nach der halbklassischen

Theorie nimmt jedes Elektronenpaar mit verschiedenen Spins im Phasenraum ein Phasenraumvolumen der Größe h^3 ein. Dieses Phasenraumvolumen ist das Produkt eines Volumens im Ortsraum mit einem Volumen im Impulsraum, siehe Gleichung (12.15). Für die Elektronen des Modells 3 ist die Form des Phasenraumvolumens durch eine Einschränkung der Elektronen im Impulsraum gegeben, die Einschränkung auf das Volumen $V_{\text{Impuls}} = \frac{4\pi}{3} p_F^3$ der Fermi-Kugel. Darum muss jedes Elektronpaar im Ortsraum auf eine Zelle des Volumens $V_{\text{Ort}} = L^3$ beschränkt sein, eines Volumens, für das nach Gleichung (12.15) gilt:

$$L^3 \frac{4\pi}{3} p_F^3 = h^3. \tag{12.16}$$

Hier wollen wir das Volumen des Weißen Zwerges über das Volumen L^3 der Zellen im Ortsraum bestimmen. Das Volumen L^3 einer solchen Zelle erhalten wir über Gleichung (12.16):

$$L^3 = \frac{3}{4\pi} p_F^{-3} h^3. \tag{12.17}$$

Wir denken uns die Sternenkugel mit dem Radius R in würfelförmige Zellen des Volumens L^3 unterteilt. Jede dieser Zellen ist von zwei der N_e Elektronen besetzt, also besteht die Kugel aus $\frac{N_e}{2}$ dieser Zellen:

$$\frac{4\pi}{3} R^3 = \frac{N_e}{2} L^3.$$

Das Volumen L^3 drücken wir durch den Fermi-Impuls p_F aus, siehe Gleichung (12.17):

$$\frac{4\pi}{3} R^3 = \frac{N_e}{2} \frac{3}{4\pi} p_F^{-3} h^3,$$

und setzen den gegebenen Wert für den Fermi-Impuls p_F ein:

$$\frac{4\pi}{3} R^3 = \frac{N_e}{2} \frac{3}{4\pi} \frac{h^3}{M_e^3 c^3}.$$

So erhalten wir
$$R = \sqrt[3]{\frac{9}{32\pi^2}} \frac{h}{M_e c} \sqrt[3]{N_e}.$$
Die Teilchenzahl N_e ist durch die Sternmasse M gegeben, siehe Gleichung (12.11), und damit haben wir die gesuchte Masse-Radius-Beziehung gefunden:
$$R = \sqrt[3]{\frac{9}{32\pi^2}} \frac{h}{M_e c} \sqrt[3]{\frac{1}{\mu_e u}} \sqrt[3]{M}.$$
Der Radius des Sterns nimmt mit der Sternmasse zu, und zwar proportional zur dritten Wurzel der Sternmasse. Die Weißen Zwerge des Modells 3 erfüllen also im Wesentlichen die gleiche Masse-Radius-Beziehung wie die Weißen Zwerge des Modells 2.

Wie können wir uns das erklären? Unsere Voraussetzung, dass für alle Weißen Zwerge des Modells 3 der Fermi-Impuls der Elektronengase gleich ist, hat zur Folge, dass auch die Elektronenzahldichte für alle Weißen Zwerge dieses Modells gleich ist. Denn durch den Fermi-Impuls ist die Fermi-Energie eindeutig gegeben, und durch die Fermi-Energie die Elektronenzahldichte, denn Gleichung (11.5) kann eindeutig nach der Elektronenzahldichte aufgelöst werden. Und wie Gleichung (12.8) zeigt, ist damit auch die Massendichte für alle Weißen Zwerge des Modells 3 gleich, abgesehen von kleinen Unterschieden in der relativen Molekülmasse μ_e pro Elektron. μ_e hängt schwach von der chemischen Zusammensetzung der Sternmaterie ab; nur für Wasserstoff weicht der μ_e-Wert deutlich vom Wert 2 ab, aber Wasserstoff kommt im Innern Weißer Zwerge nicht vor.

12.5.2. Die Nullpunktsenergie der Elektronen gegen die Gravitationsenergie der Atomkerne: Eine erste Näherung

In unserem Modell machen wir folgende fünf Annahmen:

1. Wir tun so, als wäre die Konzentration der Elektronen und Atomkerne in dem Weißen Zwerg, mit dem wir rechnen, überall gleich groß. In Wirklichkeit nimmt sie von außen nach innen stark zu. Die erste Annahme wirkt sich stärker als alle nachfolgenden auf das Ergebnis aus.

2. Wir nehmen an, das Elektronengas unseres Weißen Zwerges wäre nichtrelativistisch entartet. In Wirklichkeit ist es in der Sternhülle nicht entartet, ihre Dicke beträgt einige Prozent des Radius [Kap80, S. 111], aber im darunterliegenden Kern ist es entartet, und zwar von außen nach innen zunehmend immer stärker relativistisch entartet. Das gilt sogar für einen der leichtesten Weißen Zwerge wie 40 Eridani B: Sein Elektronengas ist relativistisch entartet, aber nicht vollständig relativistisch entartet.

3. Wir rechnen mit einer relativen Molekülmasse pro Elektron von $\mu_e = 2$. Das trifft auf Heliumsterne mit Kohlenstoffkern gut zu, siehe Beispiel 12.1, und trifft auf Sterne mit einem Metallkern einigermaßen zu. (Vorschlag: Berechnen Sie μ_e für einen Weißen Zwerg, der vorwiegend aus Magnesium oder Eisen besteht! Nach den Messungen der Masse und des Radius könnte der Weiße Zwerg GD 140 einen Eisenkern oder einen eisenreichen Kern haben [P$^+$98, S. 764].)

4. Wir rechnen so, als wäre unser Weißer Zwerg auf $T = 0$ abgekühlt, aber für die bekannten Weißen Zwerge beträgt die Temperatur an der Oberfläche einige tausend bis über hunderttausend Kelvin und steigt innerhalb der Sternhülle auf die Kerntemperatur von einigen Millionen Kelvin an.

5. Wir rechnen so, als hätte unser Weißer Zwerg weder Rotation noch Magnetfeld. Natürlich hat er in der Realität beides.

Wir berechnen nun, wie groß der Radius eines solchen Modellsterns sein muss, damit die Summe der Nullpunktsenergie des Elektronengases und der Gravitationsenergie des Sterns minimal ist. Dazu verwenden wir die Nullpunktsenergie eines entarteten Elektronengases, die gegeben ist durch:

$$E_{\text{Gas}} = \frac{3}{5}\left(\frac{3N}{a^3\pi}\right)^{\frac{2}{3}} \frac{h^2}{8M_e} N,$$

wobei a^3 das Volumen eines Würfels bezeichnet, in dem das Elektronengas eingeschlossen ist (siehe Gleichung (11.7)). Die Gravitationsenergie einer homogen mit Masse erfüllten Kugel mit der Masse M und dem Radius R ist gegeben durch:

$$E_{\text{Feld}} = -\frac{3}{5}\frac{GM^2}{R},$$

wobei G für die Newtonsche Gravitationskonstante steht.

Wir wissen, dass die Fermi-Energie eines homogenen Elektronengases und damit auch die mittlere Elektronenenergie nur über die Elektronenzahldichte $n_e = \frac{N_e}{a^3}$ von der Kantenlänge a des Einschließungswürfels abhängt. In unserem Modell eines Weißen Zwerges ist das Elektronengas homogen, also ist die Nullpunktsenergie des gesamten Elektronengases des Weißen Zwerges gegeben durch die gesamte Elektronenzahl N_e und das Gesamtvolumen V des kugelförmigen Weißen Zwerges:

$$E_{\text{Gas}} = \frac{3}{5}\left(\frac{3N_e}{V\pi}\right)^{\frac{2}{3}} \frac{h^2}{8M_e} N_e,$$

worin das Gesamtvolumen V durch den Kugelradius gegeben ist durch:

$$V = \frac{4\pi}{3}R^3.$$

Wir schreiben die Energie des Elektronengases als Funktion des Sternenradius:

$$E_{\text{Gas}} = \frac{3}{5}\left(\frac{9N_e}{4\pi^2 R^3}\right)^{\frac{2}{3}} \frac{h^2}{8M_e} N_e$$

$$= \frac{3}{5}\left(\frac{9}{4\pi^2}\right)^{\frac{2}{3}} \frac{4\pi^2 \hbar^2}{8M_e} N_e^{\frac{5}{3}} R^{-2}$$

$$= \frac{3}{5}\left(\frac{9}{4\pi^2}\right)^{\frac{2}{3}} (\pi^3)^{\frac{2}{3}} \frac{\hbar^2}{2M_e} N_e^{\frac{5}{3}} R^{-2};$$

also
$$E_{\text{Gas}} = AR^{-2}$$

mit der Abkürzung:

$$A := \frac{3}{5}\left(\frac{9\pi}{4}\right)^{\frac{2}{3}} \frac{\hbar^2}{2M_e} N_e^{\frac{5}{3}} > 0.$$

Entsprechend schreiben wir auch die Feldenergie abgekürzt:

$$E_{\text{Feld}} = -BR^{-1},$$

wobei:
$$B := \frac{3}{5} GM^2 > 0.$$

Die Gesamtenergie des Sternes ist also die Summe einer positiven und einer negativen Energie:

$$E_{\text{gesamt}} = AR^{-2} - BR^{-1}.$$

Die Energie der Elektronen ist um so größer, je kleiner die Kugel ist. Die Gravitionsenergie ist um so kleiner, je kleiner die Kugel ist; die Gravitationsenergie ist negativ, sie wird bei einer Verkleinerung der Kugel abgesenkt. Wir suchen einen Radius $R_{\min}$, für den die Gesamtenergie E_{gesamt} minimal ist. Eine notwendige Bedingung dafür ist das Verschwinden der Ableitung der Gesamtenergie nach dem Radius. Der gesuchte Radius, wenn es einen Radius gibt, für den die Gesamtenergie minimal ist, muss also zur Lösungsmenge der folgenden Gleichung gehören:

$$\left.\frac{dE_{\text{gesamt}}}{dR}\right|_{R=R_{\min}} = 0$$

(diese Notation bedeutet, dass der Wert der Ableitung an der Stelle $R_{\min}$ genommen wird), konkret:

$$-2AR_{\min}^{-3} + BR_{\min}^{-2} = 0.$$

Die Gleichung hat genau eine Lösung:

$$R_{\min} = \frac{2A}{B} = \left(\frac{9\pi}{4}\right)^{\frac{2}{3}} \frac{\hbar^2}{GM_e} N_e^{\frac{5}{3}} M^{-2}. \qquad (12.18)$$

Wenn also die Gesamtenergie für irgendeinen Radius minimal ist, dann für diesen Radius, denn für einen anderen Radius kann die Gesamtenergie nicht minimal sein. Die Gesamtenergie für den durch Gleichung (12.18) gegebenen Radius $R_{\min}$ ist minimal, wenn gilt:

$$\left.\frac{d^2 E_{\text{gesamt}}}{dR^2}\right|_{R=R_{\min}} > 0.$$

Es gilt:

$$\left.\frac{d^2 E_{\text{gesamt}}}{dR^2}\right|_{R=R_{\min}} = 6AR_{\min}^{-4} - 2BR_{\min}^{-3};$$

daher gilt wegen $R_{\min} = \frac{2A}{B}$:

$$\left.\frac{d^2 E_{\text{gesamt}}}{dR^2}\right|_{R=R_{\min}} = \frac{B^4}{8A^3} > 0,$$

weshalb die Gesamtenergie für den Radius nach Gleichung (12.18) tatsächlich minimal ist.

Nach Gleichung (12.18) wären die Radien der Weißen Zwerge umgekehrt proportional zum Quadrat ihrer Massen, in Wirklichkeit sind die aber umgekehrt proportional zur dritten Wurzel ihrer Massen.

Jetzt wird es spannend: Wir berechnen nach Gleichung (12.18) zuerst den Radius für 40 Eridani B zur gemessenen Sternenmasse, um ihn mit dem zugehörigen Messwert zu vergleichen. Die Gesamtzahl N_e der Elektronen setzen wir mit der Genauigkeit dreier Dezimalstellen ein, dann brauchen wir nicht zwischen den relativen Molekülmassen von Helium und Kohlenstoff zu unterscheiden, und die Naturkonstanten setzen wir mit fünf Dezimalstellen ein:

$$R^{(\text{th})}_{40 \text{ Eri B}} = 9,12 \cdot 10^6 \text{m}.$$

Für Sirius B erhalten wir entsprechend:

$$R^{(\text{th})}_{\text{Sirius B}} = 7,21 \cdot 10^6 \text{m}.$$

Die Rechenergebnisse vergleichen wir nun mit den gemessenen Werten. An 40 Eridani B wurde beobachtet:

$$R^{(\text{beob})}_{40 \text{ Eri B}} = 0,0136 R_{\text{Sol}} = 9,47 \cdot 10^6 \text{m}$$

und an Sirius B:

$$R^{(\text{beob})}_{\text{Sirius B}} = 0,0084 R_{\text{Sol}} = 5,85 \cdot 10^6 \text{m}.$$

Für 40 Eridani B beträgt also die relative Abweichung zwischen Rechenergebnis und Beobachtung

$$\frac{\Delta R_{40 \text{ Eri B}}}{R_{40 \text{ Eri B}}} = -3,6\%.$$

Das darf uns nicht übermütig machen. Für unser grobes Modell, fünf Modell-Annahmen haben wir schon vorweg aufgezählt, muss die gute Übereinstimmung zwischen Theorie und Beobachtung reiner Zufall sein. Die verschiedenen Fehler der Vereinfachungen unserer Modelltheorie haben sich offenbar zum größten Teil gegenseitig aufgehoben.

Für Sirius B dagegen beträgt die relative Abweichung zwischen Rechenergebnis und Beobachtung

$$\frac{\Delta R_{\text{Sirius B}}}{R_{\text{Sirius B}}} = 23,3\%.$$

Dass für Sirius B die Abweichung zwischen Rechnung und Wirklichkeit größer ist als für 40 Eridani B, hätten wir erwarten können, denn der Anteil der relativistischen Elektronen ist in Sirius B größer als in 40 Eridani B. Aber damit dürfte die größere Diskrepanz zwischen Theorie und Messung nur zum Teil erklärt sein. Wir können froh sein, die Größenordnung richtig getroffen zu haben.

12.5.3. Der Nullpunktsdruck der Elektronen gegen den Gravitationsdruck der Atomkerne: Eine andere erste Näherung

Wir stellen eine Differentialgleichung für den lokalen Druck P als Funktion des Abstandes r vom Sternmittelpunkt auf. Die Gleichung heißt hydrostatische Gleichgewichtsbedingung oder hydrostatische Gleichung.

Das Newtonsche Gravitationsgesetz

$$F(r) = -G \frac{M_Q M_P}{r^2}$$

und die Definition des Drucks

$$P := \frac{F}{A}$$

dienen uns dabei als Grundgleichungen. Um den Druck im Innern eines kugelsymmetrischen Sternes zu berechnen, stellen wir uns vor, der Stern wäre aus konzentrischen Kugelschalen aufgebaut. Alle Kugelschalen oberhalb einer beliebig herausgegriffenen konzentrischen Teilkugel mit dem Radius $r < R$ tragen zum Druck an den Punkten der Oberfläche dieser Teilkugel bei. Wir fragen nach dem Druckbeitrag der unmittelbar an die Teilkugel anliegenden Schale der Dicke dr. Dazu berechnen wir nach dem Newtonschen Gravitationsgesetz die Kraft, mit der die Teilkugel ein Volumenelement der angrenzenden Kugelschale anzieht, ein Volumenelement mit dem Flächeninhalt dA und der Dicke dr. Die Quellmasse M_Q ist also die Masse der Teilkugel des Sterns:

$$M_Q = M(r) = \int_0^r \rho(x) 4\pi x^2 \, dx; \qquad (12.19)$$

und die Probemasse M_P ist die Masse des Volumenelements $dA\,dr$ mit der lokalen Dichte $\rho(r)$, dessen Schwerpunkt die Entfernung r vom Mittelpunkt der Teilkugel hat:

$$M_P = dM = \rho(r) dA\,dr.$$

Nach dem Gravitationsgesetz drückt das betrachtete Volumenelement auf die Oberfläche der darunterliegenden Kugel mit der Kraft dF, gegeben durch:

$$dF(r) = -GM(r)dM r^{-2} = -G\rho(r)r^{-2}dA\,dr \int_0^r \rho(x) 4\pi x^2 \, dx$$

und der Beitrag dP des betrachteten Volumenelements zum Druck P unter ihm ist gleich

$$dP(r) = -G\rho(r)r^{-2}dr \int_0^r \rho(x) 4\pi x^2 \, dx.$$

Damit haben wir die Differentialgleichung gefunden, die wir suchten:
$$\frac{dP(r)}{dr} = -Gr^{-2}\rho(r)\int_0^r \rho(x)4\pi x^2\, dx. \qquad (12.20)$$
Häufig schreibt man diese Gleichung lieber ohne Integralzeichen. Dann muss man eine zweite Gleichung für das Integral $M(r)$ dazuschreiben, siehe Gleichung (12.19). Die zweite Gleichung lässt sich ohne Integralzeichen schreiben, indem $M(r)$ durch eine Differentialgleichung erklärt wird:
$$\frac{dP(r)}{dr} = -Gr^{-2}\rho(r)M(r); \quad \frac{dM(r)}{dr} = 4\pi r^2 \rho(r).$$
Wir lösen die hydrostatische Gleichung (12.20) näherungsweise, indem wir in ihr die lokale Dichte ρ durch die mittlere Dichte $\langle\rho\rangle$ ersetzen, und wir bestimmen so den Zentraldruck P_c des Sterns. Das läuft darauf hinaus, dass wir die hydrostatische Gleichung für den Fall inkompressibler Sternmaterie lösen, für die ja die Dichte überall die gleiche ist. Im Integranden von Gleichung (12.19) ersetzen wir also den unbekannten Funktionsterm $\rho(x)$ durch die Konstante $\langle\rho\rangle$, sodass wir einen Stammfunktionsterm des Integranden angeben können, es ist $\langle\rho\rangle = \frac{4\pi}{3}x^3$. Also ist das bestimmte Integral gleich:
$$M(r) = \frac{4\pi}{3}\langle\rho\rangle r^3.$$
Das setzen wir in die hydrostatische Gleichung (12.20) ein, in der wir $\rho(r)$ durch $\langle\rho\rangle$ ersetzt haben und wir erhalten eine leicht lösbare Differentialgleichung für den Druck:
$$\frac{dP(r)}{dr} = -\frac{4\pi}{3}G\langle\rho\rangle^2 r.$$
Das unbestimmte Integral der beiden Seiten gibt uns die Lösung der Differentialgleichung:
$$P(r) = -\frac{2\pi}{3}G\langle\rho\rangle^2 r^2 + C.$$

Wir suchen den Zentraldruck $P_c := P(0)$, darum bilden wir die Differenz $P(R) - P(0)$ und erhalten so

$$P_c = \frac{2\pi}{3} G \langle \rho \rangle^2 R^2,$$

abgekürzt

$$P_c = \alpha \langle \rho \rangle^2 R^2; \quad \alpha := \frac{2\pi}{3} G. \tag{12.21}$$

Weil in Wirklichkeit die Dichte von außen nach innen zunimmt, wird der wirkliche Zentraldruck stärker sein als der nach Gleichung (12.21) näherungsweise berechnete Druck. Wenn wir den Druck im Mittelpunkt der Erde nach Gleichung (12.21) berechnen, erhalten wir etwa den halben wirklichen Wert genauerer Modellrechnungen. Tun wir das aber für die Sonne, erhalten wir sogar nur etwa ein Hundertstel des genauer berechneten Werts: die Dichte-Unterschiede im Sonneninnern sind viel größer als die Dichteunterschiede im Erdinnern [UB88, S. 42 und S. 214].

Wir betrachten den Druck nach Gleichung (12.7) speziell im Zentrum des Sterns: $P_c = \beta \rho_c^{\frac{5}{3}}$, ersetzen aber hierin die Zentraldichte ρ_c durch die mittlere Dichte $\langle \rho \rangle$ des Sterns:

$$P_c = \beta \langle \rho \rangle^{\frac{5}{3}}. \tag{12.22}$$

Damit kennen wir außer Gleichung (12.21) noch eine Gleichung zwischen dem Zentraldruck P_c und der mittleren Dichte $\langle \rho \rangle$, genauer gesagt, noch eine Näherungs-Gleichung. Auch der nach Gleichung (12.22) berechnete P_c-Wert ist zu klein. Wir setzen die beiden Ausdrücke gleich und formen die erhaltene Gleichung zwischen der mittleren Dichte und dem Radius R in eine Masse-Radius-Beziehung um. Nach den Gleichungen (12.21) und (12.22) bekommen wir:

$$\alpha \langle \rho \rangle^2 R^2 = \beta \langle \rho \rangle^{\frac{5}{3}};$$

$$R^2 = \frac{\beta}{\alpha}\langle\rho\rangle^{-\frac{1}{3}} = \frac{\beta}{\alpha}M^{-\frac{1}{3}}\left(\frac{4\pi}{3}R^3\right)^{\frac{1}{3}} = \left(\frac{4\pi}{3}\right)^{\frac{1}{3}}\frac{\beta}{\alpha}M^{-\frac{1}{3}}R;$$

also

$$R = \gamma M^{-\frac{1}{3}}, \qquad (12.23)$$

wobei

$$\gamma := \left(\frac{4\pi}{3}\right)^{\frac{1}{3}}\frac{\beta}{\alpha}$$
$$= \frac{4^{\frac{1}{3}}}{40}\left(\frac{3}{\pi}\right)^{\frac{4}{3}}\frac{h^2}{GM_e}(\mu_e u)^{-\frac{5}{3}}. \qquad (12.24)$$

Wir sollten das Ergebnis nicht überbewerten: Um es herzuleiten, hatten wir zweimal die lokale Dichte durch die mittlere Dichte ersetzt. Immerhin, die Näherungen haben uns mit Gleichung (12.23) die richtige Proportionalität in die Masse-Radius-Beziehung gebracht: die umgekehrte Proportionalität des Radius zur dritten Wurzel der Masse für Weiße Zwerge mit nichtrelativistisch entartetem Elektronengas. Wie gut oder wie schlecht die Proportionalitätskonstante durch Gleichung (12.24) wiedergegeben wird, wollen wir nach einem Vergleich mit Messwerten sehen. Dabei müssen wir auch bedenken, dass unsere Rechnung für nichtrelativistisch entartete Elektronengase gilt, dass aber die Elektronengase der am genauesten ausgemessenen Weißen Zwerge durchaus relativistisch entartet sind (Abschnitt 12.4), wenn auch nicht ultrarelativistisch. Für die Proportionalitätskonstante erhalten wir konkret:

$$\gamma = 3,65 \cdot 10^{16} \text{mkg}^{\frac{1}{3}}.$$

Für 40 Eridani B mit $M_{40\text{ Eri B}} = 0.501 \cdot 1,99 \cdot 10^{30}$kg und für Sirius B mit $M_{\text{Sirius B}} = 1,017 \cdot 1,99 \cdot 10^{30}$kg liefert die Theorie also die folgenden Radien:

$$R^{(\text{th})}_{40\text{ Eri B}} = 3,66 \cdot 10^6 \text{m}; \quad R^{(\text{th})}_{\text{Sirius B}} = 2,89 \cdot 10^6 \text{m}.$$

Die Werte weichen stärker von den Beobachtungen ab als die Ergebnisse der vorigen ersten Näherung:

$$\frac{\Delta R_{\text{40 Eri B}}}{R_{\text{40 Eri B}}} = -61\%; \quad \frac{\Delta R_{\text{Sirius B}}}{R_{\text{Sirius B}}} = -51\%.$$

Die Proportionalitätskonstante nach Gleichung (12.24) dürfte demnach um 61% oder noch mehr zu klein sein (Sirius B ist weiter vom nichtrelativistischen Modellfall entfernt als 40 Eridani B). Unsere Näherungen machen die Modellrechnungen Chandrasekhars nicht überflüssig.

> Elektronen in Weißen Zwergen sind beinahe oder wirklich relativistisch entartet, das heißt, sie bewegen sich fast mit Lichtgeschwindigkeit.

13. Schwarze Löcher sind nicht schwarz

> „God not only plays dice. He also sometimes throws the dice where they cannot be seen."
> – Stephen W. Hawking –

Physikalische Themen: Virtuelle Teilchen, Gerochs Paradoxon, Hohlraumstrahlung und die Strahlung Schwarzer Löcher

13.1. Schwarze Löcher strahlen doch

Im Januar 1974 erschien Larry Nivens Science-Fiction-Story „The Hole Man" [Niv74]. Es ist die Kriminalgeschichte eines ungewöhnlichen Mordwerkzeugs, eines Schwarzen Minilochs. Allerdings, als Larry Niven die Story schrieb, konnte er nicht ahnen, dass sein kleines Schwarzes Loch nicht nur durch Gezeitenkräfte, sondern auch durch Strahlung töten könnte. Als Stephen Hawking kurz darauf (im März 1974) zeigte, dass Schwarze Löcher nach der Quantentheorie ständig elektromagnetische Strahlung und Teilchenstrahlung abgeben, im Widerspruch zur Allgemeinen Relativitätstheorie, hatte die Fachwelt eine Sensation.

Wenn eine elektrische Ladung periodisch beschleunigt wird, gehen von ihr periodisch elektrische und magnetische Kraftwirkungen auf alle elektrischen Ladungen aus, kurz elektromagnetische Wellen. So senden Ladungen, die in einer Antenne periodisch beschleunigt werden, Radiowellen aus. Wärmestrahlung, Licht, ultraviolette Strahlung und Röntgenstrahlung sind andere Beispiele elektromagnetischer Strahlung, die aber erst von der Quantentheorie richtig erklärt werden.

1973 zeigte Jacob D. Bekenstein, dass jedes Schwarze Loch auch eine Temperatur besitzt. Daraufhin begann Hawking damit, über die Teilchenerzeugung vor einem Schwarzen Loch nachzudenken [HP98, S. 64], und schon am 17. 1. 1974 reichte er einen kurzen Artikel mit den Ergebnissen „einer ziemlich umständlichen Rechnung" bei der Zeitschrift Nature ein. Der Artikel erschien am 1.3.1974. Diese Ergebnisse sind einfach: Die Hawking-Strahlung ist die Strahlung eines schwarzen Körpers einer bestimmten Temperatur.

Definition 13.1 (Schwarzer Körper) *Ein Schwarzer Körper ist ein Körper, der jegliche auftreffende Strahlung absorbiert. Experimentell wird er durch einen Hohlraum verwirklicht. Die Wände des Hohlraums nehmen dann soviel Strahlung auf, wie sie abgeben. Der Hohlraum ist also mit elektromagnetischer Strahlung gefüllt, die sich durch die Temperatur der Wände charakterisieren lässt. Damit das Strahlungsgleichgewicht nur unmerklich gestört wird, soll er eine möglichst kleine Öffnung für Messgeräte haben.*

Die Strahlung eines Schwarzen Körpers wird daher auch Hohlraumstrahlung genannt.

Nach Bekenstein und Hawking sind die kleineren Schwarzen Löcher heißer als die größeren, sie strahlen also nach Hawking mit höherer Leistung. Infolge der Ausstrahlung werden sie immer kleiner und strahlen immer stärker, bis sie am Ende in einer gewaltigen Explosion ihre letzte Masse abgeben, vor allem als Gammastrahlung und als Teilchenstrahlung. Hawking hatte die Temperatur eines Schwarzen Lochs als Funktion seiner Masse beschrieben wie schon vor ihm Bekenstein. Nach der statistischen Physik muss jedoch jeder Körper, der eine Temperatur größer als 0K hat, auch Wärmestrahlung emittieren. Hawking fand schließlich als erster den Strahlungsmechanismus und berechnete die Lebenszeit eines Schwarzen Loches aus der Leistung, die dieses ständig freisetzt. Er gab auch an, welche Energie ein Schwarzes Loch am Ende seines Lebens abgibt: „In the last 0.1 s[...] equivalent to about 1 million 1Mton hydrogen bombs. [...]the energy density of particles created by the gravitational field is small compared to the spacetime curvature. Even though quantum effects may be small locally, they may still, however, add up to produce a significant effect over the lifetime of the Universe" [Haw74, S. 30].

In den folgenden Kapiteln wollen wir Gedankengänge Bekensteins und Hawkings nachvollziehen und die Temperatur, die Strahlungsleistung und die Lebensdauer eines Schwarzen Lochs ausrechnen.

Zunächst sollten wir uns in die Physik der virtuellen Teilchen hineindenken. Denn in der genannten Arbeit nahm Hawking an, dass jedes Schwarze Loch mit den virtuellen Teilchen des Vakuums wechselwirkt.

Beschränken wir uns auf die virtuellen Lichtteilchen, Photonen genannt. Wir können schon mit ihnen die Zerstrahlung eines Schwarzen Lochs erklären, auch Hawking hatte nur mit ihnen gerechnet. Die zusätzliche Wechselwirkung mit den anderen virtuellen Teilchen lässt das Schwarze Loch insbesondere in seinem Endstadium schneller zerstrahlen. Wenn wir also nur die virtuellen Photonen berücksichtigen, erhalten wir zu lange Zerstrahlungszeiten.

13.2. Virtuelle Teilchen

Nach der Quantentheorie ist das Vakuum alles andere als leer, darin unterscheidet sich die Quantentheorie von der klassischen Physik. Im Vakuum wabern alle Arten erlaubter Teilchenpaare:

Photonen (immer paarweise), Elektronen und Positronen, Quark und Antiquark,..., aber alle Paare existieren nur für kurze Zeit und verschwinden danach wieder, weswegen man sie allgemein als virtuelle Teilchen bezeichnet.

13.2.1. Die Lebensdauer eines Paars virtueller Photonen

Eigentlich widerspricht die Existenz der virtuellen Teilchen dem Satz von der Erhaltung der Energie, denn die Energie des Vakuums ist nach Definition gleich Null. Aber der Energieerhaltungssatz darf nach der Heisenbergschen Unschärferelation

$$\Delta E \Delta t = \frac{h}{4\pi}$$

verletzt werden, aber nur für eine kurze Zeit, eine Zeitspanne der Länge Δt, die durch die Größe ΔE der Energieverletzung gegeben ist.

Erlaubt ist also die kurzzeitige Existenz eines Teilchens und seines Antiteilchens. Nach Ablauf der Zeit Δt verschwinden beide Teilchen, zurück ins Nirwana, so dass die Energie des Vakuums wieder stimmt:

$$\Delta t = \frac{h}{4\pi \Delta E}.$$

Die Vakuumenergie wird um die Energie zweier Photonen vergrößert:

$$\Delta E = 2h\nu,$$

also müssen die virtuellen Photonen nach einer Zeit Δt verschwinden, die gegeben ist durch

$$\Delta t = \frac{h}{4\pi \cdot 2h\nu} = \frac{1}{8\pi\nu} = \frac{T}{8\pi}. \tag{13.1}$$

Dieses Ergebnis gilt für Photonen beliebiger Schwingungszeit T. Dabei gilt, dass die Schwingungsdauer der Kehrwert der Frequenz ist.

Beispiel 13.1
Wir betrachten ein Photonenpaar aus dem sichtbaren Bereich mit einer Wellenlänge von $\lambda = 500$nm. Wellenlänge λ und Frequenz ν von Photonen hängen über die Dispersionsrelation im Vakuum mit der Lichtgeschwindigkeit c zusammen:

$$c = \lambda\nu.$$

Also gilt für unser Photon:

$$\nu = \frac{c}{\lambda} = \frac{3,0 \cdot 10^8 \text{ms}^{-1}}{5 \cdot 10^{-7}\text{m}} = 6 \cdot 10^{14}\text{s}^{-1}.$$

Daher beträgt

$$\Delta t = \frac{1}{8\pi\nu} = 6,6 \cdot 10^{-17}\text{s}.$$

Einer virtuellen Lichterregung bleibt also nicht einmal die Zeit, einmal voll durchzuschwingen: Eine volle Schwingung dauert für die betrachteten Photonen der Wellenlänge $5 \cdot 10^{-7}$m nur $T = 1,7 \cdot 10^{-15}$s. Aber $\Delta t = 6,6 \cdot 10^{-17}$s ist noch kürzer.

13.2.2. Virtuelle Photonen am Schwarzen Loch

Stellen wir uns vor, ein Paar virtueller Photonen entsteht unmittelbar vor dem Horizont eines Schwarzen Lochs, so nahe, dass in der kurzen Lebenszeit dieses Paares eines von ihnen vom Schwarzen Loch eingefangen wird, das andere aber entkommt. Was geschieht dabei mit der Energie der beiden Photonen und mit ihren Impulsen und Drehimpulsen?

Das im Schwarzen Loch gefangene Photon bleibt dort. Aber insgesamt hat das Schwarze Loch Energie verloren, nämlich die Energie des entkommenen Photons. Denn der Energiesatz darf nach der Heisenbergschen Unschärferelation nur für kurze Zeit verletzt werden, danach muss die Energie beider Photonen dem System „Vakuum mit Schwarzem Loch" zurückgegeben werden.

Das geht nur auf Kosten des Schwarzen Loches, nicht aber auf die des freien, reell gewordenen Photons, das seinem Partner entkommen ist. Das Schwarze Loch kann diesem Photon seine Energie nicht mehr nehmen.

Das Schwarze Loch muss die Energie des entkommenen Photons ausgleichen und den Energiegewinn des eingefangenen Photons. So hat das Schwarze Loch bei dem Geschäft insgesamt die Energie des entkommenen Teilchens verloren und verliert dadurch an Masse, Sie wissen schon, wieviel, sie ergibt sich nach Gleichung (2.14).

Außer der Energie hat sich das Schwarze Loch den Impuls und den Drehimpuls des eingefangenen Photons angeeignet. Insgesamt hat das Schwarze Loch bei diesem Prozess die Energie, den Impuls und den Drehimpuls eines Photons verloren. Das ist so, als ob das reell gewordene Photon durch einen Tunnel aus dem Schwarzen Loch entkam. Tatsächlich kann der Hawking-Effekt als quantenphysikalischer Tunnel-Effekt berechnet werden.

Hätte das Schwarze Loch beide virtuellen Photonen eingefangen, so hätte sich nichts geändert.

Lange wurde geglaubt, dass Schwarze Löcher so kalt sind wie irgend möglich, also 0K. Immerhin kann ihnen keine Strahlung entkommen, siehe Kapitel 5. Das führt jedoch zu einem interessanten Paradoxon:

13.3. Gerochs Paradoxon

13.3.1. Die Hauptsätze der Thermodynamik

Als erster Hauptsatz der Thermodynamik wird der Energiesatz gezählt: „Es ist unmöglich, ein Perpetuum mobile erster Art zu bauen." Ein Perpetuum mobile erster Art wäre eine Maschine, die periodisch Arbeit verrichtet, aber sonst nichts an der Umgebung verändert.

Der zweite Hauptsatz lässt sich ähnlich formulieren: „Es ist unmöglich, ein Perpetuum mobile zweiter Art zu bauen." Ein Perpetuum mobile zweiter Art wäre eine Maschine, die periodisch Arbeit gewinnt, indem sie nichts anderes tut, als ein Wärmebad abzukühlen.

Nicht auszuschließen ist aber eine Maschine, die sich zweier Wärmebäder bedient. Sie soll periodisch funktionieren, indem sie

1. einem Wärmebad der Temperatur T_1 die Wärme Q entzieht,

2. einen Teil davon in die Arbeit W verwandelt und

3. den Wärmerest Q einem zweiten Wärmebad der niedrigeren Temperatur T_2 zuführt, wie die berühmte Carnot-Maschine.

Aus dem zweiten Hauptsatz folgt, dass die gewonnene Arbeit im günstigsten Fall gleich

$$W = \frac{T_1 - T_2}{T_1} Q$$

ist. In diesem günstigsten Fall wird also nur der Anteil

$$\eta := \frac{T_1 - T_2}{T_1} = 1 - \frac{T_2}{T_1}$$

der übertragenen Wärme Q in Arbeit umgewandelt. Dieser Anteil heißt optimaler Wirkungsgrad und beschränkt unter anderem den Wirkungsgrad moderner Kraftwerke.

Beispiel 13.2

Die Jahresdurchschnittstemperatur in Deutschland liegt bei

$$T_2 = 11{,}6°\text{C} = 284{,}75\text{K}.$$

Bei einer Betriebstemperatur von

$$T_1 = 500°\text{C} = 773{,}15\text{K}$$

ergibt dies einen optimalen Wirkungsgrad von

$$\eta = 1 - \frac{T_2}{T_1} \approx 76\%.$$

13.3.2. Gerochs Paradoxon

Hätten Sie Lust zu einem Gedankenexperiment? Dazu müssten Sie an einem Ort sehr weit oberhalb eines Schwarzen Loches eine ideale Thermoskanne mit Strahlung der Temperatur T_0 füllen und sie schließen, aber vermeiden Sie es, auch Materie einzufüllen, damit Sie später möglichst einfach argumentieren können.

Die nur mit Strahlung gefüllte Kanne müssten Sie auf reversiblem Wege bis an die Oberfläche des Schwarzen Loches hinunterlassen, wo sich ihre Unterseite von selbst öffnen soll. Die eingeschlossene Strahlung fällt in das Schwarze Loch und die leere Kanne soll sich von selbst schließen. Natürlich strahlt die Wandung weiter nach innen und ersetzt die fehlende Strahlung, allerdings musste die Kanne Wärme an das Schwarze Loch abgeben und hat darum im neuen thermischen Gleichgewicht eine etwas niedrigere Temperatur als vorher. Sie ziehen die Thermoskanne auf reversiblem Wege an den Ausgangsort mit der Temperatur T_0 zurück. Dort füllen Sie die Kanne wieder solange mit Strahlung, bis sich die Temperatur T_0 neu eingestellt hat und schließen sie. Diesen Zyklus können Sie wiederholen, so oft Sie wollen, der Prozess ist periodisch und natürlich automatisieren Sie ihn.

Die mit Strahlung gefüllte Kanne hat eine etwas größere Masse als die leere Kanne, so dass die gewonnene Arbeit beim Hinablassen etwas größer ist als die aufgewendete Arbeit beim Heraufziehen. Offenbar gewinnen Sie in dem Prozess Arbeit, indem Sie ein Wärmebad abkühlen.

Der erste Hauptsatz der Thermodynamik

Wir zeigen zunächst, dass der erste Hauptsatz der Thermodynamik, der Energiesatz, in diesem Gedankenexperiment erfüllt ist, das heißt, dass die nach einem Durchlauf gewonnene Arbeit W gleich der übertragenen Wärme Q ist.

Wir befinden uns also am Anfangsort mit $r_0 = \infty$ und der Ursprung des Koordinatensystems soll im Zentrum des Schwarzen Loches ruhen. Wir füllen die Thermoskanne mit Strahlung der Temperatur $T_0 > 0K$.

Die Strahlungswärme Q hat nach der Speziellen Relativitätstheorie eine Masse, nämlich:

$$M_Q = \frac{Q}{c^2}. \qquad (13.2)$$

Die potentielle Energie in unendlicher Entfernung vom Schwarzen Loch sei gleich Null, kurz: $E_{\text{pot, 0}} = 0$. Dann hat eine Masse M am Rand des Schwarzen Loches die potentielle Energie

$$E_{\text{pot, 1}} = -Mc^2, \qquad (13.3)$$

nach der Definition des Schwarzen Lochs im Rahmen der Newtonschen Physik, siehe dazu auch Abschnitt 5.1.4.

Nachdem wir die potentielle Energie so geeicht haben, dass $E_{\text{pot, 0}} = 0$, ist die gewonnene Arbeit gleich dem negativen Wert der potentiellen Energie am Punkt 1:

$$-W = E_{\text{pot, 1}};$$

also gilt nach Gleichung (13.3):
$$E_{\text{pot, 1}} = -M_Q c^2.$$
Daraus folgt
$$-W = -M_Q c^2;$$
und nach Gleichung (13.2):
$$-W = -\frac{Q}{c^2} c^2 = -Q.$$
Also
$$Q - W = 0.$$
Der erste Hauptsatz ist erfüllt, was wir nicht bezweifelt hatten. Offensichtlich ist jedoch der zweite Hauptsatz verletzt. Die Maschine gewinnt doch Arbeit, indem sie nichts anderes tut, als das Wärmebad der Temperatur T_0 abzukühlen. Der Wirkungsgrad dieser Maschine ist gleich eins. Das ist paradox. Folglich muss das Schwarze Loch eine Temperatur haben, denn wenn sich die Temperatur des Schwarzen Lochs nicht ändern könnte, wäre der zweite Hauptsatz der Thermodynamik verletzt.

13.4. Die Energie der Photonen der Hawking-Strahlung

Wir berechnen die Energie, die ein Schwarzes Loch der Masse M_{SL} auf ein Paar virtueller Photonen überträgt, aus der potentiellen Energie dieses Paares im Gravitationsfeld des Schwarzen Lochs.

Wir nehmen das Gravitationsfeld in dem Bereich, in dem die virtuellen Teilchen existieren, als konstant an. Also setzen wir die potentielle Energie an mit:
$$E_{pot} = m \cdot a \cdot \Delta x. \tag{13.4}$$

Dabei ist m die Masse der beiden Photonen, a die Beschleunigung durch die Gravitation und Δx die Strecke, welche die Photonen in ihrer Lebenszeit zurücklegen. Die Masse ist also $m = 2\frac{E}{c^2} = 2\frac{h\nu}{c^2}$. Die Beschleunigung folgt aus dem Gravitationsgesetz:

$$F = ma = G\frac{mM_{\text{SL}}}{r^2} \Leftrightarrow a = G\frac{M_{\text{SL}}}{r^2}.$$

Wir müssen lediglich virtuelle Photonen betrachten, die am Ereignishorizont des Schwarzen Lochs entstehen, da alle anderen gleich wieder verschwinden. Also setzen wir r gleich dem Schwarzschildradius R_S, siehe Gleichung (5.3):

$$a = G\frac{M_{\text{SL}}}{R_S^2} = \frac{c^4}{4GM_{\text{SL}}}.$$

Die zurückgelegte Strecke Δx ergibt sich einfach aus der Lebensdauer Δt der virtuellen Photonen, wenn wir uns in Erinnerung rufen, dass sich Photonen stets mit Lichtgeschwindigkeit bewegen. Es gilt:

$$\Delta x = c\Delta t = \frac{c}{8\pi\nu}.$$

Nun müssen wir nur noch alles in Gleichung (13.4) einsetzen:

$$E = 2\frac{h\nu}{c^2}\frac{c^4}{4GM_{\text{SL}}}\frac{c}{8\pi\nu} = \frac{hc^3}{16\pi GM_{\text{SL}}} \tag{13.5}$$

und schon haben wir die Lösung. Dieses sollte die mittlere Energie eines Photons der Hawkingstrahlung sein.

Ein virtuelles Photonenpaar bekommt also von einem kleinen Schwarzen Loch mehr Energie als von einem großen. Überraschend, oder? Aber das erklärt, warum noch niemand ein leuchtendes Schwarzes Loch gesehen hat.

Beispiel 13.3
Wir berechnen, bei welcher Wellenlänge das Maximum der emittierten Strahlung eines Schwarzen Loches der Erdmasse liegt.

Wir haben die Gleichungen $E = h\nu = \frac{hc}{\lambda}$ und die mittlere Energie eines Photons der Hawking-Strahlung (13.5) gegeben. Wir müssen nur noch gleichsetzen:

$$\frac{hc}{\lambda} = \frac{hc^3}{16\pi G M_{SL}}. \tag{13.6}$$

Also ergibt sich mit $M_{SL} = 5,976 \cdot 10^{24}$kg:

$$\lambda = \frac{16\pi G M_{SL}}{c^2} = 22,3 \text{cm}.$$

Dieses Ergebnis liegt in einem Bereich, der für Radar benutzt wird.

Beispiel 13.4
Welche Masse muss ein Schwarzes Loch haben, um sichtbares Licht auszusenden? Wir lösen die Gleichung (13.6) aus der letzten Rechnung nach der Masse auf:

$$M_{SL} = \frac{c^2 \lambda}{16\pi G}.$$

Da die Wellenlänge von sichtbarem Licht zwischen 400nm und 700nm liegt, ergibt sich

$$1,0 \cdot 10^{19} \text{kg} \leq M_{SL} \leq 1,9 \cdot 10^{19} \text{kg}.$$

Wie schon gesagt hat die Hawking-Strahlung dieselbe Verteilung wie Hohlraumstrahlung. Das können wir hier aber nicht herleiten. Um die Temperatur eines Schwarzen Loches herzuleiten, müssen wir also die durchschnittliche Energie eines Photons dieser Strahlung mit der durchschnittlichen Energie eines Photons der Hawking-Strahlung, die wir gerade hergeleitet haben, gleichsetzen. Wie groß ist nun die durchschnittliche Energie eines Photons der Hohlraumstrahlung?

13.5. Die Hohlraumstrahlung

Im Dezember 1900 veröffentlichte Max Planck sein Strahlungsgesetz, mit dem er die spektralen Messkurven der Intensität der Hohlraumstrahlung genau erklären konnte. Er hatte die Intensität nach der Hypothese berechnet, dass Licht sprunghaft, in „Quanten", emittiert und absorbiert wird. Es war der Beginn der Quantenphysik, die zu einem neuen Weltbild der Physik führte. Die mit der Intervalllänge $d\nu$ multiplizierte spektrale Energiedichte $\rho(\nu,T)d\nu$ ist die Dichte der Energien, deren Frequenzen im Bereich zwischen ν und $\nu + d\nu$ liegen [UB88, S. 121, 123]. Nach Planck gilt:

$$\rho(\nu,T) = \frac{8\pi h\nu^3}{c^3} \frac{1}{e^{\frac{h\nu}{kT}} - 1}. \tag{13.7}$$

Die durchschnittliche Frequenz $\langle \nu \rangle$ ist gleich dem Erwartungswert:

$$\langle \nu \rangle = \frac{\int_0^\infty \frac{8\pi h \nu^4}{c^3} \frac{1}{e^{\frac{h\nu}{kT}}-1} d\nu}{\int_0^\infty \frac{8\pi h \nu^3}{c^3} \frac{1}{e^{\frac{h\nu}{kT}}-1} d\nu} = \frac{kT}{h} \frac{\int_0^\infty \frac{h^4\nu^4}{k^4T^4} \frac{1}{e^{\frac{h\nu}{kT}}-1} d\nu}{\int_0^\infty \frac{h^3\nu^3}{k^3T^3} \frac{1}{e^{\frac{h\nu}{kT}}-1} d\nu}.$$

Mit der Abkürzung $x = \frac{h\nu}{kT}$ erhalten wir:

$$\langle \nu \rangle = \frac{kT}{h} \frac{\int_0^\infty \frac{x^4}{e^x-1} dx}{\int_0^\infty \frac{x^3}{e^x-1} dx}. \tag{13.8}$$

Die beiden Integrale suchen wir natürlich in einer Integraltafel. Der Integrand gehört zu den „rationalen Funktionen von Potenzen und der Exponentialfunktion", und unter diesen finden wir in [GR81, S. 375, Gl. 3.411.2] gleich beide Integrale:

$$\int_0^\infty \frac{x^n}{e^x - 1} dx = \Gamma(n+1)\zeta(n+1).$$

Den Beweis der Formel finden Sie zum Beispiel in [For89, S.170f.]. Die Gammafunktion Γ ist eine Verallgemeinerung der Fakultät. Für natürliche Zahlen n gilt $\Gamma(n+1) = n!$. Für reelle Zahlen $x > 1$ ist die Zeta-Funktion ζ definiert als:

$$\zeta(x) = \sum_{i=1}^{\infty} \frac{1}{i^x}.$$

Damit ergibt sich insbesondere:

$$\zeta(4) = \frac{\pi^4}{90}$$

und

$$\zeta(5) \approx 1,03693.$$

Diese Ergebnisse setzen wir in Gleichung (13.8) ein und erhalten:

$$\langle \nu \rangle = \frac{24 \cdot 1,03693 \cdot 90}{6 \cdot \pi^4} \frac{kT}{h} \approx 3,8322 \frac{kT}{h}.$$

Hieraus ergibt sich die mittlere Energie eines Photons der Hohlraumstrahlung zu:

$$\langle E \rangle = h \langle \nu \rangle = 3,8322 kT \qquad (13.9)$$

Dies ist wohlgemerkt die durchschnittliche Energie und nicht die häufigste Energie eines Photons der Hohlraumstrahlung. Das Maximum der spektralen Energiedichte wird durch das Wiensche Verschiebungsgesetz beschrieben, das eine häufig verwendete Formel ist. Um nicht allzu weit von unserem derzeitigen Ziel, die Temperatur eines Schwarzen Lochs zu berechnen, abzuschweifen, verschieben wir die Herleitung dieses Gesetzes jedoch in den Anhang.

13.6. Die Temperatur eines Schwarzen Loches

Nun können wir leicht die Formel für die Temperatur eines Schwarzen Lochs herleiten. Wir setzen die durchschnittliche Energie eines Photons der Hohlraumstrahlung (13.9) mit der durchschnittlichen Energie eines Photons der Hawkingstrahlung (13.5) gleich:

$$3,8322kT = \frac{hc^3}{16\pi GM_{\text{SL}}};$$

$$T = \frac{hc^3}{16 \cdot 3,8322k\pi GM_{\text{SL}}}.$$

Obwohl wir fast nur klassische Physik benutzt haben, sieht diese Formel sehr vielversprechend aus. Die Einheit stimmt und die Temperatur T ist umgekehrt proportional zur Masse M_{SL}. In der Formel, die Hawking hergeleitet hat, ist lediglich der Faktor 3,822 durch π ersetzt:

$$T = \frac{hc^3}{16 \cdot \pi^2 kGM_{\text{SL}}}. \tag{13.10}$$

Beispiel 13.5
Die Temperatur eines Schwarzes Loches der Erdmasse ($5,97 \cdot 10^{24}$kg) ist gegeben als:

$$T = \frac{hc^3}{16 \cdot \pi^2 kGM_{\text{SL}}}$$
$$= \frac{6.626 \cdot 10^{-34}\text{Js} \cdot \left(2,998 \cdot 10^8 \text{ms}^{-1}\right)^3}{16\pi^2 1,380 \cdot 10^{-23}\text{K} \cdot 6,67 \cdot 10^{-11}\text{kgm}^{-1}\text{s}^{-2} \cdot 5,97 \cdot 10^{24}\text{kg}}$$
$$= 0,02\text{K}.$$

Die Temperatur dieses Schwarzen Loches ist kleiner als die der kosmische Hintergrundstrahlung.

Beispiel 13.6

Das Schwarze Loch in „The Hole Man" mit einer Masse von 10^{11}kg hätte eine Temperatur von

$$T = \frac{hc^3}{16 \cdot \pi^2 k G M_{SL}}$$
$$= 1,228 \cdot 10^{12} \text{K}.$$

Wir sehen deutlich, dass masseärmere Schwarze Löcher bei weitem heißer sind als massereichere.

13.7. Die Leuchtkraft eines Schwarzen Loches

Wir leiten die Leuchtkraft, auch Strahlungsleistung genannt, eines Schwarzen Loches mit Hilfe der Stefan-Boltzmann-Formel her.

Die Stefan-Boltzmann-Formel wurde zuerst empirisch gefunden, also auf Grund von Experimenten so aufgestellt, dass sie die experimentellen Befunde wiedergab. Daher wollen wir sie hier als empirische Formel voraussetzen:

Die Leuchtkraft P eines schwarzen Körpers mit der Oberfläche A und der Temperatur T (in Kelvin) ist gegeben durch:

$$P = \sigma \cdot A \cdot T^4. \tag{13.11}$$

Der Faktor $\sigma = \frac{2\pi^5 k^4}{15 h^3 c^2} \approx 5,67 \cdot 10^{-8} \frac{W}{m^2 K^4}$ heißt Stefan-Boltzmann-Konstante.

Die Beziehung zu den Konstanten k, h und c kann man in der statistischen Physik herleiten.

Für die Lösung brauchen wir nur noch die Temperaturformel (13.10) in die Stefan-Boltzmann-Formel (13.11) einzusetzen. Der Ereignishorizont des Schwarzen Lochs bildet die Oberfläche, die in der Stefan-Boltzmann-Formel auftaucht. Da er kugelförmig ist, kennen wir seine Größe: $A = 4\pi R_S^2$. Es folgt:

$$P = \sigma \cdot 4\pi R_S^2 \cdot \left(\frac{hc^3}{16\pi^2 GM_{SL}}\right)^4$$

$$= \frac{2\pi^5 k^4}{15h^3 c^2} \cdot 4\pi \left(\frac{2GM_{SL}}{c^2}\right)^2 \frac{h^4 c^{12}}{16^4 \pi^8 G^4 M_{SL}^4}$$

$$= \frac{hc^6}{30720\pi^2 G^2 M_{SL}^2}. \qquad (13.12)$$

Beispiel 13.7
Die Leuchtkraft eines Schwarzen Loches der Erdmasse ($5,97 \cdot 10^{24}$kg) ist gegeben als:

$$P = \frac{hc^6}{30720\pi^2 G^2 M_{SL}^2} = 9,996 \cdot 10^{-18} \text{Js}^{-1}.$$

Beispiel 13.8
Die Leuchtkraft des Schwarzen Loches in „The Hole Man" mit der Masse von 10^{11}kg beträgt

$$P = \frac{hc^6}{30720\pi^2 G^2 M_{SL}^2} = 3,563 \cdot 10^{10} \text{Js}^{-1}.$$

Offensichtlich haben kleine Schwarze Löcher eine größere Leuchtkraft als große Schwarze Löcher.

13.8. Die Zerstrahlung eines Schwarzen Loches

Jetzt haben wir errechnet, dass ein Schwarzes Loch durch die Hawking-Strahlung Energie abstrahlt und dadurch an Masse verliert. Letztendlich wird das Schwarze Loch sämtliche Energie, beziehungsweise Masse, verloren haben. Dies legt uns nahe, die Lebenszeit eines Schwarzen Loches zu berechnen.

Sie erinnern sich an die Strahlungsleistung (13.12), die wir zuvor berechnet haben. Die Leistung P ist definiert als zeitliche Energieänderung, in diesem Fall der Energieverlust des Schwarzen Lochs mit der Zeit, also:

$$P = -\frac{dE}{dt}$$

Wir interessieren uns in erster Linie für die Abnahme der Masse des Schwarzen Loches. Dazu ziehen wir noch einmal die Formel $E = mc^2$ heran:

$$P = -\frac{dM_{\text{SL}}c^2}{dt} = -c^2\frac{dM_{\text{SL}}}{dt},$$
$$Pdt = -c^2 dM_{\text{SL}}.$$

Wenn wir in dieses „Differential" P aus der Gleichung (13.12) einsetzen und beide Seiten durch c^2 dividieren, erhalten wir:

$$\frac{hc^4}{30720\pi^2 G^2 M_{\text{SL}}^2}dt = -dM_{\text{SL}}.$$

Um zu vereinfachen, führen wir eine neue Konstante ein, die alle Konstanten dieser Gleichung umfasst. Diese nennen wir $K := \frac{hc^4}{30720\pi^2 G^2} \approx 3{,}98 \cdot 10^{15}\text{kg}^3\text{s}^{-1}$. Damit erhalten wir:

$$\frac{K}{M_{\text{SL}}^2}dt = -dM_{\text{SL}},$$

also

$$dt = -\frac{1}{K}M_{\text{SL}}^2 dM_{\text{SL}}. \tag{13.13}$$

Während das Schwarze Loch langsam zerstrahlt, sinkt seine Masse von der Anfangsmasse M_0 auf null. Die bis zur vollständigen Zerstrahlung benötigte Zeit reicht von der Zeit $t = 0$ bis zu einer

Zeit t_l, zu der es sämtliche Masse verloren hat. Wir integrieren beide Seiten der Gleichung (13.13):

$$\int_0^{t_l} dt = -\frac{1}{K} \int_{M_0}^0 M_{SL}^2 dM_{SL};$$

$$[t]_0^{t_l} = -\frac{1}{K} \left[\frac{M_{SL}^3}{3}\right]_{M_0}^0;$$

$$t_l = \frac{M_0^3}{3K}. \tag{13.14}$$

Somit haben wir die Formel für die Lebenszeit eines Schwarzen Lochs hergeleitet. Die Formel zeigt uns, dass die Lebenszeit eines Schwarzen Lochs proportional zur dritten Potenz der Masse ist. Das heißt, dass ein massereiches Schwarzes Loch wesentlich länger braucht, um zu zerstrahlen als ein massearmes, und dass sich der Zerstrahlungsprozess beschleunigt, während das Schwarze Loch langsam seine Masse verliert.

Beispiel 13.9
Uns interessiert natürlich, wie lange ein Schwarzes Loch der Erdmasse ($5,97 \cdot 10^{24}$kg) leben würde. Wir berechnen also:

$$t_l = \frac{M_0^3}{3K} \approx \frac{(5,97 \cdot 10^{24}\text{kg})^3}{3 \cdot 3,98 \cdot 10^{15}\text{kg}^3\text{s}^{-1}} = 1,782 \cdot 10^{58}\text{s} \approx 5,65 \cdot 10^{50}\text{a}.$$

Beispiel 13.10
Wir berechnen auch die Lebensdauer des Schwarzen Lochs von $M_{SL} = 10^{11}$kg aus Larry Nivens „The Hole Man". Die Lösung ergibt sich natürlich durch einfaches Einsetzen in die Formel (13.14):

$$t_l = \frac{M_0^3}{3K} \approx \frac{10^{33}\text{kg}^3}{3 \cdot 3,98 \cdot 10^{15}\text{kg}^3\text{s}^{-1}} = 8,375 \cdot 10^{16}\text{s} \approx 2,66 \cdot 10^9\text{a}$$

Dies ist noch ein verhältnismäßig kurzlebiges Schwarzes Loch. Für größere Schwarze Löcher ist die Zeit wesentlich länger.

Beispiel 13.11

Das Universum ist rund 15 Milliarden Jahre alt. Ein Schwarzes Loch, das beim Urknall entstand und jetzt zerstrahlt, hätte eine Anfangsmasse von:

$$t_l = \frac{M_0^3}{3K}$$

$$M_0 = \sqrt[3]{3Kt_l} = \sqrt[3]{\frac{hc^4 t_l}{10240\pi^2 G^2}} \approx 1,77 \cdot 10^{11}\,\text{kg}.$$

Auch dieses Schwarze Loch lässt noch als Miniloch zu bezeichnen.

Je kleiner ein Schwarzes Loch, desto kürzer seine Lebensdauer, desto heller seine Strahlung und desto heißer ist es.

Teil IV.
Anhang

A. Das Wiensche Verschiebungsgesetz

> „Die Statistik ist wie ein Bikini: Sie stellt anschaulich dar, was sie zeigen will, aber das, was man gerne sehen möchte, verhüllt sie."
> – Anonymus –

Physikalische Themen: Herleitung des Maximums der Hohlraumstrahlung

Wir betrachten die plancksche spektrale Energiedichte $\rho(\nu, T)$ als Funktion der Frequenz ν für eine feste Temperatur T, siehe Gleichung (13.7). Wir wollen die Frequenz berechnen, bei der die Funktion ihr einziges Maximum hat und zwar als Term mit der Temperatur T. So erhalten wir das Wiensche Verschiebungsgesetz aus der Theorie.

Um alle in Frage kommenden Stellen zu finden, an denen die spektrale Energiedichte $\rho(\nu, T)$ ein Maximum haben könnte, suchen wir zuerst die Nullstellen der Ableitung dieser Dichte nach der Frequenz ν, also die Lösungen der Gleichung:

$$\frac{d}{d\nu}\left(\frac{8\pi h \nu^3}{c^3} \frac{1}{e^{\frac{h\nu}{kT}} - 1}\right) = 0.$$

Wir multiplizieren beide Seiten mit $\frac{c^3 h}{8\pi k^2 T^2}$ und erhalten:

$$\frac{d}{d\nu}\left(\frac{kT}{h} \frac{h^3 \nu^3}{k^3 T^3} \frac{1}{e^{\frac{h\nu}{kT}} - 1}\right) = 0. \qquad (A.1)$$

Um Schreibarbeit zu sparen kürzen wir $\frac{h\nu}{kT}$ durch x ab und differenzieren nach x statt nach ν, denn die Gleichung

$$f'(x) := \frac{d}{dx} \frac{x^3}{e^x - 1} = 0$$

ist nach der Substitution $x = \frac{h\nu}{kT}$ ($dx = \frac{h}{kT} d\nu$) äquivalent zu der Gleichung (A.1). Für die Substitution spricht nicht nur, dass wir in den Formeln weniger zu schreiben haben, sondern auch, dass sich die Rechnung vereinfacht und sich die Gleichungen besser übersehen lassen. Nach der Quotientenregel erhalten wir:

$$f'(x) = \frac{3x^2(e^x - 1) - x^3 e^x}{(e^x - 1)^2} = \frac{x^2[3(e^x - 1) - xe^x]}{(e^x - 1)^2}. \qquad (A.2)$$

Also ist die Gleichung $f'(x) = 0$ für $x \in {]}0; \infty{[}$ äquivalent zu der Gleichung

$$3(e^x - 1) - xe^x = 0,$$

und zu

$$0 = 3(1 - e^{-x}) - x; \qquad (A.3)$$

und zu

$$e^{-x} = 1 - \frac{1}{3}x.$$

Damit haben wir die Extremwertaufgabe auf eine transzendente Gleichung zurückgeführt. Das heißt, dass wir die Gleichung nicht nach x auflösen können. Ihre letzte Form legt eine graphische Lösung nahe: Die Graphen von e^{-x} und $1 - \frac{1}{3}x$ haben genau zwei Schnittpunkte: einen bei $x = 0$, und einen kurz vor $x = 3$. Aber zu $x = 0$ gehört die unphysikalische Frequenz Null; physikalisch interessant ist nur die Stelle vor $x = 3$, die wir nun bestimmen wollen.

Definition A.1 (Fixpunkt) *Eine Lösung einer Gleichung der Form $x = g(x)$ heißt Fixpunkt der Funktion g.*

Die Konvergenz der Iterationen: $x_0; x_1 = g(x_0); x_2 = g(x_1)...$ sichert der folgende Satz:

Satz A.1 (Banachscher Fixpunktsatz) *Sei $\mathbb{A} \subset \mathbb{R}$ kompakt und $f : \mathbb{A} \to \mathbb{A}$ eine differenzierbare Funktion, für die es eine Konstante k mit $0 \leq k < 1$ gibt, sodass gilt $|f'(x)| \leq k$, für alle $x \in \mathbb{A}$. Dann hat f einen Fixpunkt $a \in \mathbb{A}$ und die Folge der Iterationen $(x_n)_{n \in \mathbb{N}}$ mit $x_0 \in \mathbb{A}$ und $x_{n+1} = f(x_n)$ konvergiert gegen a.*

Anmerkung A.1 *Der Banachsche Fixpunktsatz gilt nicht nur in $\mathbb{R}$, sondern in jedem vollständigen metrischen Raum, wenn f eine Kontraktion ist. Das heißt, dass es ein $0 < k < 1$ gibt, sodass bei einer Metrik d gilt:*

$$d(f(x), f(y)) \leq k d(x, y).$$

Aus dem Schrankensatz folgt dann die gemachte Forderung über die Ableitung von f.

Wir formen Gleichung (A.3) um:

$$x = 3(1 - e^{-x}).$$

Die Funktion $g(x) := 3(1 - e^{-x})$ bildet das Intervall $[2; 3]$ in sich selbst ab, da g streng monoton wächst und $g(2) = 2,59...$ sowie $g(3) = 2,85...$. Außerdem gilt:

$$|g'(x)| = 3e^{-x} \leq 3e^{-2} < 0,41 \quad \text{für } x \in [2; 3].$$

Also gilt Satz A.1 und die Folge der Iterationen x_0, $x_1 = g(x_0)$, ... konvergiert gegen den Fixpunkt von g, sodass wir eine Lösung von Gleichung (A.3) erhalten. Nun müssen wir nur noch rechnen. Als Startwert wählen wir $x_0 = 2,9$. Nach einigen Rechenschritten stellen wir fest, dass die Folge der Iterationen sich einem Wert ungefähr gleich 2,821439372 annähert. Dieser Wert ist unser gesuchter Fixpunkt.

Sie haben bemerkt, dass die Funktion g genau zwei Fixpunkte hat, einen unphysikalischen $x_1^* = 0$ und den zuletzt bestimmten physikalischen, dessen erste 10 Dezimalstellen wir nun kennen: $x_2^* \approx 2,821439372$. Der erste Fixpunkt erfüllt nicht die zitierte hinreichende Bedingung des Banachschen Fixpunktsatzes: die Ableitung von g ist an der Stelle dieses Fixpunkts deutlich größer als Eins, $g'(x_1^*) = 3$, und wegen der Stetigkeit der Ableitung von g ist diese Ableitung auch in einer Umgebung von x_1^* größer als Eins. Daraus folgt nach einer Umkehrung des Konvergenzkriteriums, dass keine Folge von Iterationen: x_0, x_1, x_2, gegen den ersten Fixpunkt x_1^* konvergiert, es sei denn, wir starten mit dem Fixpunkt selbst. Der Fixpunkt x_1^* scheint die Iterationen abzustoßen, anders als der Fixpunkt x_2^*, der die Iterationen anzuziehen scheint. Der Fixpunkt x_1^* wird daher „repulsiv", der Fixpunkt X_2^* wird als „attraktiv" bezeichnet.

Definition A.2 *Ein Fixpunkt, gegen den jede nahe genug begonnene Folge von Iterationen konvergiert, heißt Attraktor; und ein Fixpunkt, von dem sich jede nahe begonnene Folge von Iterationen entfernt (außer der trivialen Folge, die mit dem Fixpunkt selbst beginnt), heißt Repeller.*

In der Tat: Am Anfang dieser Folge ist jeder Nachfolger eines Elements fast dreimal so weit vom Fixpunkt x_1^* entfernt wie sein Vorgänger, so stark stößt der Repeller die Elemente ab, weil die Ableitung von g dort fast gleich drei ist. Nachdem die Iterationen den Einflussbereich des Repellers verlassen haben, sind sie in den Einflussbereich des Attraktors x_2^* geraten. Der Attraktor verringert ihre Abstände zu sich von Mal zu Mal etwa um den Faktor $|g'(x)| \approx 0,4$, also langsamer, als der Repeller die Abstände von sich vergrößert hatte.

Und können Sie sich vorstellen, wie sich die Iterationen nach einem negativen Startwert bewegen? Wenn nicht, dann probieren Sie es doch einmal mit dem Startwert $x_0 = -0,001$.

Wir kennen jetzt also die beiden Nullstellen der Ableitung der spektralen Energiedichte $\rho(\nu, T)$ nach der Frequenz ν, aber nur eine von ihnen ist physikalisch interessant. Wenn diese Energiedichte an irgendeiner Stelle ein lokales Maximum hat, dann bei $x = x_2^* \approx 2,821439372$, das heißt, bei der Frequenz $\nu = 2,821439372\frac{kT}{h}$. Wir wissen also zunächst nur, dass die spektrale Energiedichte nur bei dieser Frequenz eine Extremstelle haben kann.

Damit die Dichte bei $x = x_2^*$ ein Maximum hat, muss

$$f''(x_2^*) < 0$$

gelten. Über Gleichung (A.2) erhalten wir nach der Quotientenregel

$$f''(x) = \frac{2x[3(e^x - 1) - xe^x] + x^2(3e^x - e^x - xe^x)(e^x - 1)^2}{(e^x - 1)^4}$$
$$+ \frac{x^2[3(e^x - 1) - xe^x]2(e^x - 1)e^x}{e^x - 1^4}.$$

An der Stelle $x = x_2^*$, für die $f'(x) = 0$ gilt, also $3(e^x - 1) - xe^x = 0$, verschwindet der Inhalt des eckigen Klammerpaars, das im Zähler des Terms für $f''(x)$ zweimal vorkommt. Für diese Stelle x_2^* vereinfacht sich der Term $f''(x)$ erheblich:

$$f''(x) = \frac{x^2(3e^x - e^x - xe^x)(e^x - 1)^2}{(e^x - 1)^4}$$
$$= \frac{x^2 e^x (2 - x)}{(e^x - 1)^2}$$

für $x = x_2^*$. Der Nenner dieses Ausdrucks ist positiv, die ersten beiden Faktoren des Zählers sind es auch. Aber der dritte Faktor $(2 - x)$ ist für $x = x_2^* = 2,821439372...$ negativ, also gilt

$f''(x_2^*) < 0$. Also hat die plancksche spektrale Energiedichte der Hohlraumstrahlung der Temperatur T genau ein Maximum.

Satz A.2 (Wiensches Verschiebungsgesetz) *Das Maximum der spektralen Energiedichte der Hohlraumstrahlung liegt bei der Frequenz*
$$\nu = 2,821439372 \frac{kT}{h}.$$

B. Mathematische Hinweise

> „Wenn ein blinder Käfer auf einer Kugeloberfläche krabbelt, merkt er nicht, dass der Weg, den er zurücklegt, gekrümmt ist. Ich hingegen hatte das Glück, es zu merken."
> – Albert Einstein –

B.1. Eigenschaften der trigonometrischen Funktionen

Sinus und Kosinus hängen durch die folgende Formel zusammen:

$$\sin^2 x + \cos^2 x = 1. \tag{B.1}$$

Es gelten etliche Formeln über die trigonometrischen Funktionen. Hier sei eine Auswahl der nützlichsten zusammengestellt:

$$\sin(x \pm y) = \sin x \cos y \pm \sin y \cos x;$$
$$\cos(x \pm y) = \cos x \cos y \mp \sin x \sin y;$$
$$\sin(2x) = 2 \sin x \cos x;$$
$$\cos(2x) = \cos^2 x - \sin^2 x;$$
$$\sin^2 x = \frac{1}{2}(1 - \cos 2x);$$
$$\cos^2 x = \frac{1}{2}(1 + \cos 2x);$$

$$\sin\frac{x}{2} = \sqrt{\frac{1}{2}(1-\cos x)};$$
$$\cos\frac{x}{2} = \sqrt{\frac{1}{2}(1+\cos x)}.$$

Es existieren natürlich auch diverse Formeln aus der Analysis:

$$\sin' x = \cos x;$$
$$\cos' x = -\sin x;$$
$$\sin x = \sum_{k=0}^{\infty}(-1)^k \frac{x^{2k+1}}{(2k+1)!};$$
$$\cos x = \sum_{k=0}^{\infty}(-1)^k \frac{x^{2k}}{(2k)!}.$$

Mit komplexen Zahlen gelten die folgenden Zusammenhänge:

$$\sin x = \frac{e^{ix} - e^{-ix}}{2i};$$
$$\cos x = \frac{e^{ix} + e^{-ix}}{2}.$$

Des weiteren definiert man den Tangens und den Kotangens über folgende Gleichungen:

$$\tan x := \frac{\sin x}{\cos x};$$
$$\cot x := \frac{\cos x}{\sin x}.$$

Es ergeben sich hier weitere Additionstheoreme für diese Funktionen:

$$\tan(x \pm y) = \frac{\tan x \pm \tan x}{1 \mp \tan x \tan y};$$
$$\cot(x \pm y) = \frac{\cot x \cot y \mp 1}{\cot x \pm \cot y}.$$

Die Ableitungen dieser Funktionen ergeben sich nach der Quotientenregel:
$$\tan' x = \frac{1}{\cos^2 x};$$
$$\cot' x = -\frac{1}{\sin^2 x}.$$

B.2. Die Hyperbelfunktionen

Am einfachsten ist die Definition des Cosinus Hyperbolicus und des Sinus Hyperbolicus über die Exponentialfunktion.

Definition B.1 (Hyperbelfunktionen)
$$\cosh(x) = \frac{e^x + e^{-x}}{2};$$
$$\sinh(x) = \frac{e^x - e^{-x}}{2}.$$

Aus dieser Definition ergeben sich natürlich sofort zwei Spezialwerte:
$$\cosh(0) = 1;$$
$$\sinh(0) = 0.$$

Dass diese Funktionen Hyperbelfunktionen heißen, liegt daran, dass sich die Hyperbel mit der Gleichung
$$\frac{x^2}{a^2} - \frac{y^2}{b^2} = 1$$
in Parameterform beschreiben lässt als
$$x = \pm a \cosh t;$$
$$y = b \sinh t.$$

Erstaunlich an diesen Funktionen ist die Ähnlichkeit zu den trigonometrischen Funktionen, die man zunächst nicht vermuten würde. In Analogie zu Gleichung (B.1) gilt zum Beispiel

$$\begin{aligned}\cosh^2 x - \sinh^2 x &= \frac{(e^x + e^{-x})^2}{4} - \frac{(e^x - e^{-x})^2}{4} \\ &= \frac{e^{2x} + 2e^x e^{-x} + e^{-2x} - e^{2x} + 2e^x e^{-x} - e^{-2x}}{4} \\ &= 1.\end{aligned}$$

Auch die Additionstheoreme sehen denen der trigonometrischen Funktionen sehr ähnlich:

$$\sinh(x \pm y) = \sinh x \cosh y \pm \sinh y \cosh x;$$
$$\cosh(x \pm y) = \cosh x \cosh y \pm \sinh x \sinh y.$$

Den direkten Zusammenhang der Hyperbelfunktionen mit den trigonometrischen Funktionen kann man mit komplexen Zahlen sehr leicht darstellen:

$$\sin x = -i \sinh(ix);$$
$$\cos x = \cosh(ix).$$

Man definiert dann entsprechend zu den Definitionen des Tangens und des Cotangens auch die entsprechenden Hyperbelfunktionen:

Definition B.2

$$\tanh x := \frac{\sinh x}{\cosh x} = \frac{e^x - e^{-x}}{e^x + e^{-x}};$$
$$\coth x := \frac{\cosh x}{\sinh x} = \frac{e^x + e^{-x}}{e^x - e^{-x}}.$$

Auch bei den Ableitungen der Hyperbelfunktionen stellt man große Ähnlichkeiten zu den trigonometrischen Funktionen fest:

$$\sinh' x = \cosh x;$$
$$\cosh' x = \sinh x;$$
$$\tanh' x = \frac{1}{\cosh^2 x};$$
$$\coth' x = -\frac{1}{\sinh^2 x}.$$

B.3. Die Areafunktionen

Die Umkehrfunktionen der Hyperbelfunktionen sind die Areafunktionen. Man schreibt arsinh, arcosh, artanh und arcoth für die Umkehrfunktionen der entsprechenden Hyperbelfunktionen. Sie lassen sich auch mit Hilfe des Logarithmus ausdrücken:

$$\operatorname{arsinh} x = \ln\left(x + \sqrt{x^2 + 1}\right);$$
$$\operatorname{arcosh} x = \ln\left(x + \sqrt{x^2 - 1}\right);$$
$$\operatorname{artanh} x = \frac{1}{2} \ln \frac{1+x}{1-x} \qquad (|x| < 1);$$
$$\operatorname{arcoth} x = \frac{1}{2} \ln \frac{x+1}{x-1} \qquad (|x| > 1).$$

Die Ableitungen der Areafunktionen sind gegeben durch

$$\operatorname{arsinh}' x = \frac{1}{\sqrt{x^2 + 1}};$$
$$\operatorname{arcoth}' x = \frac{1}{\sqrt{x^2 - 1}};$$
$$\operatorname{artanh}' x = -\frac{1}{x^2 - 1};$$
$$\operatorname{arcoth}' x = -\frac{1}{x^2 - 1}.$$

B.4. Das totale Differential

Um auch für Funktionen mit mehreren Variablen Analysis treiben zu können, müsser wir den Begriff des totalen Differentials einführen.

Definition B.3 (totales Differential) *Das totale Differential $df(x,y)$ einer Funktion f ist definiert als*

$$df(x,y) := f(x+dx, y+dy) - f(x,y).$$

Wir formen um, indem wir auf der rechte Seite eine Null in Form einer Differenz einfügen und erhalten:

$$df(x,y)) = [f(x+dx, y+dy) - f(x, y+dy)] + [f(x, y+dy) - f(x,y)] \quad.$$

Die Terme in den eckigen Klammern steht, erkennen wir als Differentiale von Funktionen je einer Variablen. Wir brauchen nur zu beachten, dass die jeweils andere Variable beim Bilden des Differentials festliegt.

Partielle Ableitungen

Indem wir verabreden, eine Variable festzuhalten und Unterschiede nur in der anderen Variablen zuzulassen, können wir Funktionen zweier Variablen jeweils nach nur einer Variablen differenzieren oder, wie das Fachwort heißt, partiell differenzieren. Diesen Vorgang bezeichnet man als partielle Differentiation

Die partielle Ableitung wird anstatt mit einem gestreckten Buchstaben d mit einem krummen (lateinischen) Buchstaben ∂ geschrieben (und z. B. „partiell d nach dx" gesprochen):

$$\frac{\partial f(x, y+dy)}{\partial x} := \lim_{dx \to 0} \frac{f(x+dx, y+dy) - f(x, y+dy)}{dx}, \quad \text{(B.2a)}$$

$$\frac{\partial f(x,y)}{\partial y} := \lim_{dy \to 0} \frac{f(x, y+dy) - f(x,y)}{dy}. \quad \text{(B.2b)}$$

Anmerkung B.1 *Die krummen ∂ sind keine griechischen Deltas. Ein kleines griechisches Delta sieht anders aus, nämlich so: δ. Kleine griechische Deltas bezeichnen auch etwas anderes, nämlich Funktional-Ableitungen.*

Die Herleitung des totalen Differentials:

So ausgerüstet, können wir das totale Differential einer partiell differenzierbaren Funktion mit Hilfe ihrer partiellen Ableitungen als lineare Kombination der Koordinatendifferentiale dx und dy schreiben.

Definitionsgemäß ist

$$\frac{f(x+dx,y) - f(x,y)}{dx} = \lim_{\Delta x \to 0} \frac{f(x+\Delta x, y) - f(x,y)}{\Delta x}$$
$$= \frac{\partial f(x,y)}{\partial x},$$

also

$$f(x+dx,y) - f(x,y) = \frac{\partial f(x,y)}{\partial x} dx.$$

Demnach ergibt sich für das totale Differential:

$$df(x,y) = \frac{\partial f(x,y)}{\partial x} dx + \frac{\partial f(x,y)}{\partial y} dy. \qquad \text{(B.3)}$$

B.5. Komplexe Zahlen

B.5.1. Grundrechenarten

Der nachfolgende Text stellt keine formal strenge vollständige Abhandlung über komplexe Zahlen dar. Er dient lediglich dazu, die im Buch benötigten elementaren Kenntnisse über komplexe Zahlen bereitzustellen. Für eine systematische Einführung sei auf die einschlägige Literatur verwiesen.

Bekanntlich hat die Gleichung

$$x^2 = -1$$

keine reelle Lösung. Wir können uns aber eine Zahl i als Lösung dieser Gleichung definieren. Diese Zahl nennen wir die imaginäre Einheit. Mit dieser Zahl wollen wir unter Beibehaltung der üblichen Rechengesetze rechnen. Dann erkennen wir sofort, dass auch $-i$ Lösung dieser Gleichung ist. Wir definieren dann:

Definition B.4 (komplexe Zahl) *Eine komplexe Zahl ist jede Zahl z mit der Darstellung*

$$z = a + ib$$

mit $a, b \in \mathbb{R}$. a heißt Realteil und b Imaginärteil von z. Die Menge der komplexen Zahlen wird mit $\mathbb{C}$ bezeichnet.

Wir rechnen mit komplexen Zahlen so, als würden wir mit reellen Zahlen rechnen (bei Potenzgesetzen muss man da einige Einschränkungen machen, das soll uns aber nicht stören). Es gilt also:
$$(a + ib) + (c + id) = (a + c) + i(b + d)$$
sowie
$$(a + ib)(c + id) = (ac - bd) + i(ad + bc).$$

Zur Division komplexer Zahlen verwenden wir die dritte binomische Formel:
$$\frac{a + ib}{c + id} = \frac{(a + ib)(c - id)}{c^2 + d^2}.$$
Hier tritt zum erstmals das komplex Konjugierte einer komplexen Zahl in Erscheinung. Man definiert:

Definition B.5 (komplex Konjugiertes) *Der komplex konjugierte Wert einer Zahl $z = a + ib$ ist die Zahl $\overline{z} := a - ib$.*

Bei der Division komplexer Zahlen wird mit diesem Wert erweitert. Für $z = a + ib$ gilt:
$$z\overline{z} = a^2 + b^2.$$

Stellen wir uns die komplexen Zahlen in einem Koordinatensystem vor, wobei die y-Achse den Imaginärteil und die x-Achse den Realteil darstellt, so gibt der letzte Ausdruck das Quadrat des Abstands von z zum Ursprung an. Folglich definieren wir:

Definition B.6 (Betrag) *Der Betrag $|z|$ einer komplexen Zahl z ist definiert über*
$$|z| := \sqrt{z\overline{z}}.$$

B.5.2. Potenzrechnung

Zur Definition des Ausdrucks e^{ix} mit $x \in \mathbb{R}$ benutzen wir die Potenzreihe für e^x. Dann gilt:
$$e^{ix} = 1 + ix - \frac{x^2}{2!} - \frac{ix^3}{3!} + \frac{x^4}{4!} \mp \cdots.$$

Da gilt
$$\sin x = \sum_{k=0}^{\infty}(-1)^k \frac{x^{2k+1}}{(2k+1)!}$$
und
$$\cos x = \sum_{k=0}^{\infty}(-1)^k \frac{x^{2k}}{(2k)!},$$
können wir schreiben:
$$e^{ix} = \cos x + i \sin x. \tag{B.4}$$

Für $z = a + ib$ können wir dann schreiben:
$$e^z = e^a e^{ib}.$$

Daraus ergibt sich
$$e^z = e^{z+i2\pi}.$$

Dies hat zur Folge, dass der Logarithmus nicht mehr eindeutig definiert ist. Dieses Problem soll uns aber nicht weiter stören. Für uns ist es interessant zu bemerken, dass e^{ix} auf der komplexen Zahlenebene genau den Einheitskreis um den Ursprung durchläuft. Daher ist $|e^{ix}| = 1$. Außerdem ist

$$\overline{e^{ix}} = e^{-ix}.$$

Jede komplexe Zahl z ist darstellbar als

$$z = |z|e^{i\phi}. \tag{B.5}$$

Dabei heißt ϕ das Azimut von z. Die Darstellung (B.5) heißt Polardarstellung von z. Damit ist

$$\overline{z} = |z|e^{-i\phi}. \tag{B.6}$$

C. Tabellen

„Die Endlosigkeit des wissenschaftlichen Ringes sorgt unablässig dafür, dass dem forschenden Menschengeist seine beiden edelsten Antriebe erhalten bleiben und immer wieder von neuem angefacht werden: Die Begeisterung und die Ehrfurcht."
– Max Planck –

C.1. Mathematische Konstanten

Abkürzung	Wert
π	3,14159265358979
e	2,718281828459

C.2. Einheitenumrechnungen

Einheit	Kürzel	SI-Einheit
Elektronvolt	eV	$1,602176462 \cdot 10^{-19}$ J
Lichtsekunde	Ls	$2,99792458 \cdot 10^{8}$ m
Lichtjahr	Lj	$9,461 \cdot 10^{15}$ m
Parsec	Pc	$3,0856775807 \cdot 10^{16}$ m

C.3. Physikalische Konstanten

Name	Abk.	Wert
Lichtgeschwindigkeit	c	$2,99792458 \cdot 10^8 \text{ms}^{-1}$
Plancksches Wirkungsquantum	h	$6,62606876 \cdot 10^{-34} \text{Js}$
Planck-Konstante	$\hbar$	$1,054571596 \cdot 10^{-34} \text{Js}$
Gravitationskonstante	G	$6,673 \cdot 10^{-11} \text{m}^3\text{kg}^{-1}\text{s}^{-2}$
Elementarladung	e	$1,602176462 \cdot 10^{-19} \text{C}$
Dielektrizitätskonstante	ε_0	$8,854187817 \cdot 10^{-12} \text{Fm}^{-1}$
Permeabilitätskonstante	μ_0	$4\pi \cdot 10^{-7} \text{NA}^{-2}$
Boltzmann-Konstante	k	$1,3806503 \cdot 10^{-23} \text{JK}^{-1}$
Stefan-Boltzmann-Konstante	σ	$5,670400 \cdot 10^{-8} \text{Wm}^{-2}\text{K}^{-4}$
Molare Gaskonstante	R	$8,31451 \text{ Jmol}^{-1}\text{K}^{-1}$
Avogadro-Konstante	N_A	$6,02214199 \cdot 10^{23} \text{mol}^{-1}$
Masse des Elektrons	m_e	$9,10938188 \cdot 10^{-31} \text{kg}$
Masse des Protons	m_p	$1,67262158 \cdot 10^{-27} \text{kg}$
Sonnenmasse		$1,9889 \cdot 10^{30} \text{kg}$
Sonnenradius		$6,961 \cdot 10^8 \text{m}$
Schwarzschildradius der Sonne		$2,95325008 \text{km}$
Erdmasse		$5,974 \cdot 10^{24} \text{kg}$
Erdradius		$6,378140 \cdot 10^6 \text{m}$
Schwarzschildradius der Erde		$8,87005622 \text{mm}$

C.4. Das griechische Alphabet

Zeichen	Name	Zeichen	Name
α, A	Alpha	ν, N	Ny
β, B	Beta	ξ, Ξ	Ksi
γ, Γ	Gamma	o, O	Omikron
δ, Δ	Delta	π, Π	Pi
ε, E	Epsilon	ρ, R	Rho
ζ, Z	Zeta	σ, Σ	Sigma
η, H	Eta	τ, T	Tau
θ, ϑ, Θ	Theta	υ, Υ	Ypsilon
ι, I	Jota	ϕ, φ, Φ	Phi
κ, K	Kappa	χ, X	Chi
λ, Λ	Lambda	ψ, Ψ	Psi
μ, M	My	ω, Ω	Omega

Literaturverzeichnis

[Cha90] Subrahmanyan Chandrasekhar. *Selected Papers*, volume 5. Relativistic Astrophysics. The University of Chicago Press, Chicago, 1990.

[Ein05] Albert Einstein. Zur Elektrodynamik bewegter Körper. *Annalen der Physik*, Band 17:S. 891–921, 1905.

[FD86] Robert L. Forward and Joel Davis. Ride a laser to the stars. *New Scientist*, Vol. 112:pp. 31–35, 1986.

[Flü71] Siegfried Flügge. *Particle Quantum Mechanics*, volume 2. Springer-Verlag, Berlin-Heidelberg-New York, 1971.

[Flü76] Siegfried Flügge. *Rechenmethoden der Quantentheorie: Elementare Quantenmechanik. Dargestellt in Aufgaben und Lösungen.* Springer-Verlag, Berlin-Heidelberg-New York, Nachdruck der 3. Auflage, 1976.

[For86] Robert L. Forward. *Flug der Libelle*. Bastei-Lübbe, Bergisch Gladbach, 1986.

[For89] Otto Forster. *Analysis 1. Differential- und Integralrechnung einer Veränderlichen*, 4. durchgesehene Auflage. Friedrich Vieweg & Sohn, Braunschweig, 1989.

[GR81] I. S. Gradstein und I. M. Ryshik. *Summen-, Produkt- und Integraltafeln*, Band I. Verlag Harri Deutsch, Thun, 1981.

[H+98] Jay B. Holberg et al. Sirius B: A new, more accurate view. *The Astrophysical Journal*, Volume 497:pp. 935–942, 1998.

[Hal97] Paul Halpern. *Löcher im All: Modelle für Reisen durch Zeit und Raum*. Rowohlt Taschenbuch Verlag, Reinbek bei Hamburg, 1997.

[Haw74] Stephen W. Hawking. Black hole explosions? *Nature*, Volume 248:pp. 30f., 1974.

[Hei69] Werner Heisenberg. *Der Teil und das Ganze. Gespräche im Umkreis der Atomphysik*. R. Piper & Co. Verlag, München, 1969.

[Her00] Armin Hermann. *Planck*, 7. Auflage. Rowohlt Taschenbuch Verlag GmbH, Reinbek bei Hamburg, 2000.

[HP98] Stephen W. Hawking und Roger Penrose. *Raum und Zeit*. Rowohlt Verlag, Reinbek bei Hamburg, 1998.

[Kap80] Samuel Aronowitsch Kaplan. *Physik der Sterne*. Verlag Harri Deutsch, Thun, 1980.

[Kit73] Charles Kittel. *Physik der Wärme*. R. Oldenbourg Verlag, München, 1973.

[Lan80] Kenneth R. Lang. *Astrophysical Formulae. A Compendium for Physicists and Astrophysicists*, Second Edition. Springer-Verlag, Berlin-Heidelberg-New York, 1980.

[LP97] Peter Simon La Place. *Darstellung des Weltsystems*, Zweyter Theil. Varrentrapp und Wenner, Frankfurt am Meyn, 1797.

[Mic84]   John Michell. On the means of discovering the distance, magnitude, etc. of the fixed stars, in consequence of the diminution of the velocity of their light, in case such a diminution should be found to take place in any of them, and such other data schould be procured from observations, as would be further necessary for that purpose. *The Philosophical Transactions of the Royal Society of London, from their Commencement, in 1665, to the year 1800*, Volume 15:pp. 465–477, 1784.

[MT88]   Michael S. Morris and Kip S. Thorne. Wormholes in spacetime and their use for interstellar travel: A tool for teaching general relativity. *American Journal of Physics*, Volume 56:pp. 395–412, Mai 1988.

[Niv74]   Larry Niven. The hole man. *Analog Science Fiction & Fact Magazine*, Januar 1974.

[Niv80]   Larry Niven. *Neutron Star*. Futura Publications Limited, London, 1980.

[Now82]   Igor Dmitrijewitsch Nowikow. *Evolution des Universums*, Überarbeitete Lizensausgabe. Verlag Harri Deutsch, Thun, 1982.

[Oha80]   Hans C. Ohanian. *Gravitation and Spacetime*. W. W. Norton & Company, New York, 1980.

[P+98]   Judith L. Provencal et al. Testing the white dwarf mass-radius relation with hipparcos. *The Astrophysical Journal*, Volume 494:pp. 759–767, 1998.

[Pau61]   Wolfgang Pauli. *Aufsätze und Vorträge über Physik und Erkenntnistheorie*. Friedrich Vieweg & Sohn, Braunschweig, 1961.

[Rin79] Wolfgang Rindler. *Essential Relativity. Special, General, and Cosmological*, Revised Second Edition. Springer-Verlag, Berlin-Heidelberg-New York, 1979.

[Rot96] Joshua Roth. Vega and Altair, precisely. *Sky and Telescope*, Volume 91:p. 13, März 1996.

[RW71] Remo Ruffini and John Archibald Wheeler. Introducing the black hole. *Physics Today*, Volume 24:pp.30–41, 1971.

[S$^+$97] Harry L. Shipman et al. The mass and radius of 40 Eridani B from Hipparcos: An accurate test of stellar interior theory. *The Astrophysical Journal*, Volume 488:pp. L43–L46, 1997.

[Sag82] Carl Sagan. *Unser Kosmos - eine Reise durch das Weltall*. Droemer Knaur, München, 1982.

[SB67] Arnold Sommerfeld und Hans Bethe. *Elektronentheorie der Metalle*. Springer-Verlag, Berlin-Heidelberg-New York, 1967.

[Sch83] Paul Arthur Schilpp (Hrsg.) *Albert Einstein als Philosoph und Naturforscher, eine Auswahl*. Friedrich Vieweg & Sohn, Braunschweig, 1983.

[Ste80] Hans Stephani. *Allgemeine Relativitätstheorie*. VEB Deutscher Verlag der Wissenschaften, Berlin, 1980.

[UB88] Albrecht Unsöld und Bodo Baschek. *Der neue Kosmos*, 4. Auflage. Springer-Verlag, Berlin-Heidelberg-New York, 1988.

[Van98] Peter Vandervoort. Under the surface of a star. *Physics World*, page p. 46f., April 1998.

[vMK54] Hans von Mangoldt und Konrad Knopp. *Einführung in die Höhere Mathematik für Studierende und zum Selbststudium*, Band 3: Integralrechnung und ihre Anwendungen. S. Hirzel Verlag, Leipzig, Nachdruck der 9. Auflage, 1954.

[WA85] A.H. Wapstra and G. Audi. The 1983 atomic mass evaluation(i): Atomic mass table. *Nuclear Physics A*, Volume 432, pp. 1–54, 1985.

[Whe91] John Archibald Wheeler. *Gravitation und Raumzeit. Die vierdimensionale Ereigniswelt der Relativitätstheorie*. Spektrum der Wissenschaft, Heidelberg, 1991.

[WN[+]02] Erick J. Weinberg, D.L. Nordstrom et al., editors. *Physical Review D. Particles and Fields*, volume 66, Third Series. The American Physical Society, Melville, part I, Review of Particle Physics, July 2002.

Index

40 Eridani B, 201

Arbeit
    mechanische, **80**
Areafunktion, 265
Areasinus hyperbolicus, 57
Attraktor, **258**
augenlickliche Geschwindigkeit, 49
Avogadro-Konstante, 272
Azimut, 88, 270

Banachscher Fixpunktsatz, **257**
Beschleunigung
    geradlinig gleichförmig, 37
Betrag, 269
Bezugssystem, 18
    mitbewegtes, 37
binomische Reihe, 52
Boltzmann-Konstante, 195, 272
Bose-Einstein-Kondensation, 153
Boson, **150**

Carnot-Maschine, 239
Cooperpaar, 153
Cosinus hyperbolicus, 263
Cotangens hyperbolicus, 264

D1-Mission, 7
Differential
    totales, **266**
Differentialgleichung, **41**
    erster Ordnung, 42
    linear, 43
Differentialoperator, 160
Differentiation
    partielle, 266
Doppelstern, 10

Eigenwert, **162**
Eigenzeit, **36**
Eigenzustand, **162**
Einstein-Rosen-Brücke, 67, 95
Einsteinsche Feldgleichungen, 79
Elektron, 153, 157
Elektronengas, 154, 179
Elektronenzahldichte
    lokale, 204
Elektronvolt, 192
Elementarladung, 272
Energie, **80**
    potentielle, **81**
Entartung, 196
Entartungstemperatur, 196
Ereignis, **9**
    lichtartig, **16**, 88
    raumartig, **15**, 88
    zeitartig, **15**, 88

Fermi-Energie, 180, **181**, 185

Fermi-Geschwindigkeit, 211
Fermi-Impuls, 212, 213
Fermi-Radius, 190
Fermi-Temperatur, 193
Fermion, **150**, 153
Fixpunkt, **256**
Flammsches Rotationsparaboloid, 95, 101
Fluchtgeschwindigkeit, 83
    Erde, 84
    RX J1856.5-3754, 84
    Sirius B, 84
    Sonne, 84

Galilei-Transformation, **18**
Gammafunktion, 246
Gaskonstante
    molare, 272
GD 140, 221
Gegenuniversum, 120
Gerochs Paradoxon, 240
Geschwindigkeitsaddition, 28, 39
Geschwindigkeitsunschärfe, 155
Gleichverteilungssatz, 195
Gravitationskonstante, 272

Hafele-Keating-Experiment, 26
Hauptsatz der Thermodynamik
    erster, 239
    zweiter, 239
Hawking-Strahlung, 156

Heisenbergsche Unschärferelation, 154
Heisenbergsches Unbestimmtheitsprinzip, 154
Hilbertraum, 158
HIPPARCOS, 201
Hohlraumstrahlung, 234, 245, 260
hydrostatische Gleichgewichtsbedingung, 226
hydrostatische Gleichung, 226
Hyperbelfunktion, 263
Hyperraum, 68, 90

imaginäre Einheit, 268
Imaginärteil, **268**
Inertialsystem, **18**
Innenraumzeit, 131
isometrisch, 91

Keplersches Gesetz
    drittes, 11
klassische Statistik, 211
komplex Konjugiertes, **268**
Kraft, **80**
Krasnikovs Röhre, 35
Kruskal-Szekeres-Metrik, 102, 119, 131, 133

Laser, 153
Leier, 62
Leitungselektronen, 148
Leuchtkraft, 248
Lichtblitz, 13

Lichtgeschwindigkeit, 272
Lichtkegel, **16**
Lichtsignal, 107
Lorentz-Transformation, **19**, 70
Lorentzfaktor, 40
Lorentzkontraktion, **27**

Maser, 153
Massendichte
  lokale, 204
Matrizenmechanik, 154
Metrik, 15
Mindestunschärfe, 155
Minkowski-Raum, **15**
Minkowski-Welt, **15**
Mutabor, 127

Neutronenstern, 10
Nullpunktsenergie, 179

Observable, 159
Operator
  Gesamtenergie, 161
  Hamilton, 161
  Hermitesch, 159
  Impuls, 159
  kinetische Energie, 160
  Ort, 159
  potentielle Energie, 160
Ortsdarstellung, 158
Ortsunschärfe, 155

Pauli-Verbot, 153

Paulisches Ausschließungsprinzip, 153
Perpetuum mobile
  Erster Art, 239
  zweiter Art, 239
Phasenraum, 211
Photon, 153, 235
  virtuell, 235, 237
Planck-Konstante, 272
Plancksches Wirkungsquantum, 151, 272
Polabstand, 88
Polardarstellung, 270
Psifunktion, 157

Quadrant, 130
Quantenzahl, 166

Raumzeit, **10**
Realteil, **268**
Repeller, **258**
Ruhemasse, **31**
Ruhsystem
  augenblickliches, 36

Satz des Pythagoras, 15, 93
Schildkrötenkoordinate, 110, 128
Schrödinger-Gleichung, 161
  zeitabhängig, 163
  zeitunabhängig, 164
Schwarzer Körper, **234**
Schwarzes Loch, 10, **85**, 107, 120, 129, 233

Schwarzschild-Koordinaten, 128
Schwarzschild-Metrik, **88**, 133
Schwarzschildradius, 85
Singularität, 89
Sinus hyperbolicus, 263
Sirius B, 84, 202
Skalarprodukt, 159
spezifische Wärmekapazität, 147, **147**
Spin, **148**
Spinquantenzahl, 149
Spinvektor, 149
Stefan-Boltzmann-Formel, 248
Stefan-Boltzmann-Konstante, 248, 272
Strahlungsleistung, 248
superfluide Phase, 153
Supraleitung, 153
synchronisieren, 24

Tangens hyperbolicus, 264
Taylorreihe, 39
Teilchen
    virtuell, 236
Teilchenzahldichte
    Leitungselektronen, 192
Trennung der Variablen, 172
Tunnel-Effekt, 238

Uhrenparadoxon, **26**
Uhrenvergleich, 55
Umkehrfunktion, 42
Umlaufzeit, 12

Viererbeschleunigung, 36
Vissersches Wurmloch, 67

Warp Drive, 35
Wega, 62
Weißer Zwerg, 201
Weißes Loch, 120
Welle-Teilchen-Dualismus, 152
Wellenfunktion, 157, 174
Weltlinie, **10**
Weltvektor, 22
Wiensches Verschiebungsgesetz, 246, 255, **260**
Wirkungsgrad
    optimaler, 239
Wurmloch, 67, 88
    bösartig, 95
    durchschiffbares, 67

Zeitdilatation, **25**, 54, 55
Zeitmaschine, 67
Zeitreise, 67
Zeitschleifen, 7
Zenonsches Paradoxon, 106
Zeta-Funktion, 246
Zustand, 157
zustandsänderungen, 161
Zwillingsparadoxon, **26**

Index

Namensliste

Achilles, 106

Bardeen, John, 153
Bekenstein, Jacob D., 234
Bohr, Niels, 154
Born, Max, 158

Cartesius, 90
Chandrasekhar, Subramanyan, 215, 231
Cooper, Leon, 153

Descartes, Rene, 90
Dirac, Paul, 151

Eddington, Sir Arthur, 6
Eddington, Thomas, 120
Einstein, Albert, 5, 7, 19, 55

Fermi, Enrico, 148
Finkelstein, David, 120
Fizeau, Armand, 30
Flamm, Ludwig, 95

Gödel, Kurt, 7
Galilei, Galileo, 19
Geroch, Robert, 240
Goudsmit, Samuel, 152

Hamilton, William, 161
Hawking, Stephen, 233
Heisenberg, Werner, 154

Kruskal, Martin, 102, 125

Laplace, Pierre Simon, 80, 87
Leibnitz, Gottfried Wilhelm, 50
Lemaitre, Georges, 102
Lorentz, Hendrik, 19, 28

Maxwell, James Clark, 4
Michell, John, 80, 87
Michelson, Albert, 4
Morris, Michael, 8, 67

Newton, Isaak, 50
Niven, Larry, 97, 233

Pauli, Wolfgang, 152
Phytagoras, 93
Planck, Max, 150

Ruffini, Remo, 116

Schrödinger, Erwin, 154, 158
Schrieffer, Bob, 153
Schwarzschild, Karl, 79
Szekeres, George, 102, 125

Taylor, Brook, 39
Thorne, Kip, 8, 67

Uhlenbeck, George, 152

Visser, Matt, 67

Wheeler, John Archibald, 108, 116
Wood, Robert Williams, 150

Young, Thomas, 3

Zenon, 106

Namensliste

www.ingramcontent.com/pod-product-compliance
Lightning Source LLC
Chambersburg PA
CBHW071157240526
45470CB00016BA/137